INDEX

DU

RÉPERTOIRE BIBLIOGRAPHIQUE

DES

SCIENCES MATHÉMATIQUES,

PUBLIÉ PAR

LA COMMISSION PERMANENTE DU RÉPERTOIRE.

PARIS,

GAUTHIER-VILLARS ET FILS, IMPRIMEURS-LIBRAIRES

DU BUREAU DES LONGITUDES, DE L'ÉCOLE POLYTECHNIQUE,

Quai des Grands-Augustins, 55.

1893

INDEX

DU

RÉPERTOIRE BIBLIOGRAPHIQUE

DES

SCIENCES MATHÉMATIQUES.

Adresser toutes les communications relatives au *Répertoire bibliographique des Sciences mathématiques* à M. D'OCAGNE, Secrétaire de la Commission permanente, 5, rue de Vienne, à Paris.

INDEX

DU

RÉPERTOIRE BIBLIOGRAPHIQUE

DES

SCIENCES MATHÉMATIQUES,

PUBLIÉ PAR

LA COMMISSION PERMANENTE DU RÉPERTOIRE.

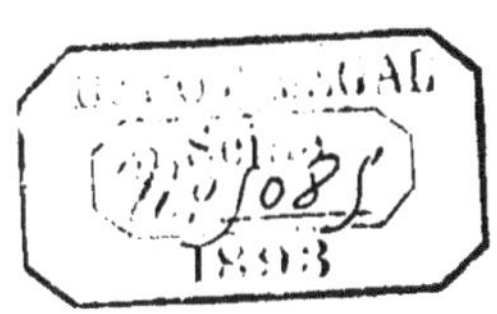

PARIS,

GAUTHIER-VILLARS ET FILS, IMPRIMEURS-LIBRAIRES

DU BUREAU DES LONGITUDES, DE L'ÉCOLE POLYTECHNIQUE,

Quai des Grands-Augustins, 55.

—

1893

INTRODUCTION.

COMITÉ D'ORGANISATION DU CONGRÈS INTERNATIONAL DE 1889 ([1]).

PRÉSIDENT.

M. **Poincaré**, membre de l'Institut, ingénieur des mines, professeur à la Faculté des Sciences.

VICE-PRÉSIDENT.

M. **Henry** (Charles), bibliothécaire à la Sorbonne.

SECRÉTAIRE.

M. **Humbert**, ingénieur des mines, répétiteur à l'École Polytechnique.

MEMBRES DU COMITÉ.

MM.

Appell, professeur à la Faculté des Sciences.

Brisse, répétiteur à l'École Polytechnique.

Darboux, membre de l'Institut, professeur à la Faculté des Sciences.

Fouret, examinateur d'admission à l'École Polytechnique.

Gauthier-Villars, éditeur.

Haton de la Goupillière, membre de l'Institut, inspecteur général des mines.

Jonquières (Vice-amiral de), membre de l'Institut.

Lalanne (Ludovic), sous-bibliothécaire de l'Institut.

Lucas (Edouard), professeur de Mathématiques spéciales au lycée Saint-Louis.

Ocagne (Maurice d'), ingénieur des ponts et chaussées.

Raffy, maître de conférences à la Faculté des Sciences.

Rouché, professeur au Conservatoire des arts et métiers, examinateur des élèves à l'Ecole Polytechnique.

Tannery (Jules), sous-directeur de l'École Normale supérieure.

([1]) Le Comité d'organisation a été constitué par arrêtés ministériels des 9 novembre 1888 et 1er mars 1889. Il a nommé son bureau dans la séance du 16 novembre 1888.

CONGRÈS INTERNATIONAL

DE

BIBLIOGRAPHIE DES SCIENCES MATHÉMATIQUES

TENU A PARIS DU 16 AU 19 JUILLET 1889.

PROCÈS-VERBAL SOMMAIRE.

La nature des questions traitées dans le Congrès international de bibliographie des Sciences mathématiques a donné aux séances un caractère très spécial qui ne permet pas d'en donner un procès-verbal régulier. Nous nous bornerons donc à indiquer d'une manière générale l'ordre des séances et à publier *in extenso* les résolutions qui ont été adoptées.

Le travail du Congrès devait avoir pour base les études déjà faites par la Société mathématique de France dans le but de publier un répertoire bibliographique des Sciences mathématiques. Le projet qui avait été proposé par cette Société fut donc imprimé et envoyé aux personnes qui, dans les divers pays, étaient réputées s'occuper de Mathématiques; le Comité d'organisation s'efforça d'obtenir une liste aussi complète que possible de ces personnes.

Les séances du Congrès eurent lieu les 16, 17, 18 et 19 juillet dans la soirée, au siège de la Société mathématique de France.

Dans la séance du 16 juillet, on procéda à la nomination du bureau du Congrès, qui fut ainsi composé :

Président : M. POINCARÉ.

Vice-Présidents : MM. HENRY (Charles), WEYR (Emile).

Secrétaire : M. HUMBERT.

Les séances des 16, 17 et 18 juillet, auxquelles assistèrent des membres étrangers et des membres français, furent consacrées à la discussion du projet de classification proposé par le Comité d'organisation. Ce projet fut adopté dans son ensemble, mais avec de très nombreuses modifications de détails.

Des résolutions générales furent adoptées à l'unanimité dans la séance du 19 juillet, qui fut la séance de clôture.

Nous reproduisons ci-après le texte de ces résolutions, que nous faisons suivre de l'*Index du Répertoire bibliographique des Sciences mathématiques.*

RÉSOLUTIONS VOTÉES PAR LE CONGRÈS.

Le Congrès international de bibliographie des Sciences mathématiques, réuni à Paris le 19 juillet 1889, prend les résolutions suivantes :

1° Il y a lieu de publier un répertoire bibliographique des Sciences mathématiques, destiné à épargner aux travailleurs de longues et pénibles recherches. Ce répertoire devra contenir les titres des Mémoires relatifs aux Mathématiques pures et appliquées publiés depuis 1800 jusqu'à 1889 inclusivement, ainsi que des travaux relatifs à l'histoire des Mathématiques depuis 1600 jusqu'à 1889 inclusivement. Ces titres seront classés non par noms d'auteurs, mais d'après l'ordre logique des matières.

2° Il sera publié successivement des suppléments à ce répertoire; le premier sera consacré aux travaux publiés de 1889 exclusivement à 1899 inclusivement, et les suppléments suivants, aux périodes décennales qui suivront. Dans chaque supplément, les omissions découvertes dans le répertoire ou dans les suppléments précédents seront réparées.

3° Sont exclus du répertoire les ouvrages classiques ne contenant pas de résultats généraux et destinés aux élèves des divers établissements d'instruction ou aux candidats aux divers examens. Seront pareillement exclus les Mémoires publiés dans des recueils spécialement destinés à ces candidats. Cependant, comme divers recueils présentent un caractère mixte et contiennent à côté de nombreux exercices qui ne peuvent être utiles qu'aux étudiants quelques travaux originaux, ces derniers travaux seront mentionnés dans le répertoire après que le triage en aura été fait par l'administration de ces recueils et que la Commission permanente instituée par la dixième résolution aura émis un avis favorable.

4° Les travaux relatifs aux Mathématiques appliquées ne devront être mentionnés au répertoire que s'ils intéressent les progrès des Mathématiques pures. Les travaux relatifs à l'Astronomie, déjà mentionnés dans la *Bibliographie* de MM. Houzeau et Lancaster, sont exclus du répertoire.

5° Le Congrès adopte pour le répertoire la classification proposée par son Comité d'organisation avec les modifications votées dans les séances des 17 et 18 juillet 1889. Les divers titres mentionnés seront répartis en un certain nombre de classes subdivisées en sous-classes, divisions, sections et sous-sections. Les classes seront désignées par une lettre capitale : elles pourront être subdivisées en sous-classes désignées par une lettre capitale affectée d'un exposant. Les classes ou sous-classes se subdiviseront en divisions désignées par un chiffre arabe et celle-ci en sections désignées par une minuscule latine, lesquelles pourront elles-mêmes être partagées en sous-sections représentées par une minuscule grecque. Ainsi, la sous-section α de la section b faisant partie de la division 3 de la sous-classe L^1 serait notée ainsi, dans un encadrement rectangulaire :

$$\boxed{L^1\,3\,b\,\alpha}\ .$$

6° Les titres des travaux écrits en d'autres langues que l'allemand, l'anglais, l'italien, l'espagnol, le latin seront suivis de leur traduction française.

7° Attendu qu'il pourrait arriver que pour une raison quelconque un savant crût devoir adopter un mode différent de classification, le Congrès émet le vœu que ce savant emploie une notation qui ne puisse être confondue avec celle décrite dans la cinquième résolution et évite en tout cas l'emploi de l'encadrement rectangulaire figuré ci-dessus.

8° Attendu que le travail du répertoire demandera encore plusieurs années et qu'il importe de fournir aux chercheurs de nouveaux instruments dans le plus bref délai possible, le Congrès émet le vœu que les divers recueils périodiques consacrés aux Mathématiques publient une Table générale des matières contenues dans leurs volumes, en se conformant à la classification adoptée plus haut. Le Congrès sera très reconnaissant aux administrateurs de ces recueils de vouloir bien, dans la plus grande mesure possible, prêter pour ce classement leurs concours à la Commission permanente.

9° Afin de faciliter l'établissement des suppléments consacrés aux travaux postérieurs à 1889, le Congrès émet le vœu que chaque auteur fasse suivre le titre de son Mémoire de la notation définie dans la cinquième résolution; que si l'auteur a négligé de le faire, les administrateurs des divers recueils périodiques, ou, à leur défaut, les rédacteurs des recueils analytiques qui rendront compte de ces travaux, veuillent bien se charger de ce soin.

10° Il est institué une Commission permanente qui veillera à l'exécution des résolutions précédentes. Elle est composée de : membres français : MM. Poincaré, Désiré André, Humbert, d'Ocagne, Charles Henry; membres étrangers : MM. Catalan, Bierens de Haan, Glaisher, Gomes Teixeira, Holst, Valentin, Emile Weyr, Guccia, Enestrom, Gram, Liguine, Stephanos. Le siège de la Commission permanente est à Paris, où devront résider le président et le secrétaire. Si des vacances se produisent dans son sein, la Commission se complétera par cooptation; elle est également autorisée à s'adjoindre de nouveaux membres en nombre quelconque. Elle statuera au sujet des additions à la classification adoptée que les progrès de la Science pourraient rendre nécessaires, et au sujet des difficultés que soulèverait l'interprétation des résolutions précédentes. Dans le cas où, pour une raison quelconque, une entente nouvelle entre les mathématiciens des divers pays lui semblerait nécessaire, la Commission organiserait un nouveau Congrès international, soit à Paris, soit dans toute autre ville d'Europe.

11° Le Congrès émet le vœu que, tant en France qu'à l'étranger, les divers journaux mathématiques donnent la plus grande publicité possible aux présentes résolutions et aux décisions futures de la Commission permanente.

ÉTAT DE LA COMMISSION PERMANENTE

DU RÉPERTOIRE BIBLIOGRAPHIQUE DES SCIENCES MATHÉMATIQUES

AU 15 FÉVRIER 1893.

Bureau :

MM. POINCARÉ, président.
D'OCAGNE, secrétaire.

Membres d'honneur :

MM. le prince ROLAND BONAPARTE*.
le prince BALTHASAR BONCOMPAGNI*.
DARBOUX*.
HATON DE LA GOUPILLIÈRE*.

Membres :

MM.

Pour l'Allemagne.............	{	LAMPE*. VALENTIN.
» l'Autriche...............		WEYR (Emile).
» la Belgique.............	{	CATALAN. LE PAIGE*.
» le Danemark.............		GRAM.
» les États-Unis............		CRAIG*.
» la France...............	{	le Président en exercice de la Société mathématique de France**. ANDRÉ (Désiré). FOURET**. HENRY (Charles). HUMBERT (Georges). KOENIGS**. LAISANT**. RAFFY**.
» la Grande-Bretagne.......	{	GLAISHER. MACKAY* (John S.).
» la Grèce................		STEPHANOS.
» la Hollande..............	{	BIERENS DE HAAN. SCHOUTE*.
» l'Italie.................		GUCCIA.
» la Norvège..............		HOLST.
» le Portugal..............		GOMES TEIXEIRA.
» la Russie...............		LIGUINE.
» la Suède...............		ENESTROM.

* Membre nommé en vertu de l'art. 10 des Résolutions votées par le Congrès de 1889. — ** Délégué de la Société mathématique de France.

AVIS IMPORTANT.

Le présent *Index du Répertoire* a pour but d'établir une classification détaillée et aussi complète que possible de toutes les questions du domaine mathématique, *indépendamment des méthodes.*

On devra donc faire rentrer dans la même classe tous les Mémoires qui traitent du même sujet, quelles que puissent être les différences de méthode, et c'est en se plaçant à ce point de vue que l'on n'a fait, par exemple, aucune distinction entre la Géométrie pure et la Géométrie analytique.

Une même question peut être souvent, selon le côté par lequel on l'envisage, rattachée à deux ou plusieurs classes différentes : il eût, à la rigueur, été possible de ne la faire figurer qu'à une seule de ces classes, mais ce procédé aurait eu l'inconvénient de rendre les recherches plus longues.

On a préféré adopter un système de renvois.

Les renvois sont de trois espèces.

Si la question, dont l'énoncé figure en toute hypothèse dans toutes les classes auxquelles elle se rattache, peut être sans inconvénient rattachée plus spécialement à l'une d'elles, elle est suivie, dans les classes secondaires, du signe *voir*, renvoyant à la classe principale, et à la classe principale du signe *cf.* renvoyant aux classes secondaires.

Si la question ne peut, au contraire, être rattachée spécialement à aucune des classes qui la comprennent, on a fait suivre son énoncé dans chacune de ces classes du signe *ref.* renvoyant aux autres.

Si un travail se rapporte à un groupe du Répertoire sans se rattacher spécialement à aucune des subdivisions de ce groupe, il est noté au moyen des caractères correspondant à ce groupe, et classé avant la première des subdivisions immédiatement inférieures. Par exemple, un travail sur un triangle ayant un caractère spécial autre que celui d'être isoscèle, équilatéral ou rectangle, sera noté $\boxed{\text{K 3}}$ et classé avant la section $\boxed{\text{K 3 a}}$.

Pour les Traités généraux cette indication sera suivie d'un astérisque. Par exemple, un Traité sur les fonctions elliptiques sera noté $\boxed{\text{F}^{\star}}$, un Traité sur le Calcul des probabilités $\boxed{\text{J 2}^{\star}}$, etc.

ERRATA.

Page **xi**. Ajouter à la liste des *Titres dont le libellé a été complété :* K17c, O2a, T2aγ.

Page **xi**, avant les deux dernières lignes, ajouter : La sous-section précédemment notée par erreur T5bα est devenue T5aα.

Index du Rép. de la Soc. math., p. xi.

TABLEAU DES MODIFICATIONS

QU'OFFRE LA PRÉSENTE ÉDITION DE L'*Index* PAR RAPPORT A LA PRÉCÉDENTE

(Paris, Imprimerie Nationale, 1889).

I. — *Titres dont le libellé a été modifié ou complété.*

A1b.	H4a.	L¹6b.	O2g.
A4a.	H12d.	L¹10b.	O2q.
B11b.	H12e.	L¹16.	O2qε.
B12c.	H12f.	L¹16b.	O2r.
D1d.	I1.	L¹17.	O4f.
D3d.	I24a.	L¹17e.	O5d.
D3e.	I24b.	L²11b.	Q3a.
D6a.	K2a.	M.	Q4a.
F8a.	K2d.	M¹2a.	R6b.
F8h.	K7a.	M¹5h.	U.
H.	K7c.	M¹5i.	V.
H1h.	K7e.	M¹5iγ.	X.
H2a.	K22b.	O2e.	X3.
H2cβ.			

II. — *Titres nouvellement introduits.*

B1e.	K21aδ.	R4aα.	R8g.
B10bα.	K22d.	R4aβ.	R8h.
D2aζ.	M¹1aα.	R4aγ.	R8i.
F8aβ.	M¹2h.	R4aδ.	R9dα.
G4dγ.	M²1aβ.	R6aε.	R9dβ.
H5jα.	O2s.	R6bδ.	S4bγ.
H9dα.	O31.	R6bε.	S6.
H9dβ.	O5q.	R7fβ.	S6a.
K6c.	R1fα.	R7gβ.	S6b.
K9aα.	R2e.	R8aα.	T2aε.
K13cγ.	R3a.	R8eβ.	U10.
K14f.	R3aα.	R8eγ.	U10a.
K14g.	R3b.	R8eδ.	U10b.
K21aγ.	R3c.	R8fα.	X8.

Le surplus des modifications ne comprend que le rétablissement d'un certain nombre de renvois qui avaient été omis dans la précédente édition.

TABLE

DES

CLASSES DU RÉPERTOIRE.

ANALYSE MATHÉMATIQUE.

GÉOMÉTRIE.

MATHÉMATIQUES APPLIQUÉES.

INDEX

DU

RÉPERTOIRE BIBLIOGRAPHIQUE

DES

SCIENCES MATHÉMATIQUES.

ANALYSE MATHÉMATIQUE.

CLASSE A.

Algèbre élémentaire; théorie des équations algébriques et transcendantes; groupes de Galois; fractions rationnelles; interpolation.

1. Opérations et formules algébriques élémentaires.

a. Addition, soustraction, multiplication, division algébriques; divisibilité algébrique; progressions; calculs d'intérêts, d'annuités et d'amortissement.

b. Identités et inégalités algébriques; impossibilité d'identités de certaines formes.

c. Formule du binôme (*ref.* J **1**). Somme des puissances des n premiers nombres, etc. Puissances des polynômes; α. Triangle de Pascal et ses analogues; β. Calcul des radicaux; racine $m^{\text{ième}}$ d'un polynôme.

I

2. Équations et fonctions du premier et du second degré.

a. Équations et systèmes d'équations linéaires (*cf.* B **1 a**). Inégalités du premier degré.

b. Équations du second degré et équations qui s'y ramènent; maxima et minima; inégalités du second degré.

3. Théorie des équations.

a. Propriétés des polynômes entiers; variations, continuité. α. Théorème de d'Alembert; décomposition des polynômes en produits de facteurs linéaires.

b. Relations entre les coefficients et les racines. Fonctions symétriques des racines d'une équation; fonctions symétriques des différences des racines; équations différentielles de ces fonctions (*ref.* B **3 c**).

c. Diviseurs des polynômes. Plus grand commun diviseur et plus petit commun multiple algébriques. Racines égales (*ref.* B **3 c**).

d. Détermination exacte ou approchée du nombre des racines des équations à coefficients réels comprises entre deux limites données; séparation des racines réelles; théorèmes de Descartes, Budan, Rolle, Sturm, Cauchy, Newton, Sylvester, etc.; α. Théorèmes sur les fonctions auxquelles conduit la méthode de Sturm.

e. Racines imaginaires; nombre des racines imaginaires comprises dans un contour donné.

f. Extension des théorèmes des groupes **d** et **e** aux équations dont le premier membre n'est pas un polynôme.

g. Limites des racines réelles. Calcul des racines; méthodes d'approximation; racines commensurables.

h. Transformation et abaissement des équations.

i. Équations particulières; α. Binômes; β. Réciproques.

j. Équations et groupes d'équations remarquables ayant toutes leurs racines réelles ou imaginaires, etc... (*ref.* D **2 e**, D **2 f**, H **5 g**).

k. Équations des troisième et quatrième degrés.

l. Résolution des équations transcendantes.

4. Théorie des groupes de Galois et résolution des équations par radicaux.

a. Groupe d'une équation; théories et propriétés générales; adjonction de fonctions des racines de l'équation ou d'une autre équation (*ref.* **F 8 b**, **G 5 a**). Résolvantes.

b. Équations abéliennes.

c. Équations de Galois.

d. Application de la théorie à des équations particulières : équation des points d'inflexion d'une cubique (*ref.* **M¹ 5 e α**); des 27 droites d'une surface du troisième ordre (*ref.* **M² 3 d**); équations modulaires (*ref.* **F 5 d**), etc.; α. Groupes du tétraèdre, de l'octaèdre, de l'icosaèdre, et équations correspondantes.

e. Formation des équations résolubles par radicaux; propriétés générales; classification. Impossibilité de la résolution par radicaux de l'équation générale de degré supérieur à 4.

5. Fractions rationnelles; interpolation.

a. Fractions rationnelles; décomposition en éléments simples.

b. Formules algébriques d'interpolation.

CLASSE B.

Déterminants; substitutions linéaires; élimination; théorie algébrique des formes; invariants et covariants; quaternions, équipollences et quantités complexes.

1. Déterminants.

a. Théories générales relatives à un seul déterminant. Réduction et calcul. Matrices. (*Pour la théorie des équations linéaires* voir **A 2 a**.)

b. Multiplication des déterminants.

c. Déterminants particuliers; α. symétriques; β. gauches.

d. Déterminants cubiques, et à plus de trois indices.

e. Déterminants infinis (*voir* **D 2**).

2. Substitutions linéaires.

a. Généralités. α. Génération et ordre du groupe linéaire; caractéristique. Facteurs de composition.

b. Forme canonique des substitutions linéaires.

c. Groupes spéciaux; α. Groupe orthogonal; β. Groupe abélien; γ. Groupe hypo-abélien.

d. Groupes d'ordre fini contenus dans le groupe linéaire; α. Groupe linéaire à deux variables; β. Groupes continus, groupes discontinus (*voir* G**6a** et J**4**).

3. Élimination.

a. Élimination d'une inconnue entre deux équations. Formation du résultant; condition pour que deux équations aient plusieurs racines communes.

b. Fonctions symétriques des racines communes à deux équations.

c. Définition, formation et propriétés du discriminant (*ref.* A**3b**).

d. Élimination de n inconnues entre $n+1$ équations. α. Fonctions symétriques correspondantes. Fonctions symétriques des coordonnées des points communs à deux courbes ou à trois surfaces, etc. (*ref.* C**3b**).

4. Théorie générale des invariants et covariants d'une forme.

a. Propriétés générales des invariants et covariants pour une forme quelconque; α. Équations différentielles auxquelles ils satisfont.

b. Formation des invariants et covariants.

c. Théorème de Gordan pour les formes binaires et extension aux formes à un nombre quelconque de variables et à un système de formes.

d. Invariants et covariants remarquables : hessien, etc.

e. Notation symbolique.

f. Théorie, propriétés et formation des émanants, contrevariants, covariants mixtes, évectants, etc. Interprétations géométriques.

g. Péninvariants.

h. Théories analogues pour une forme à plusieurs systèmes de variables.

i. Représentation typique.

j. Application de la théorie des invariants aux transformations non linéaires (*ref.* P **4** et **6**).

5. Systèmes de formes binaires.

a. Invariants et covariants. Propriétés générales.

b. Théorème de Gordan (*voir* B **4c**).

c. Transformation d'un groupe de formes dans un autre.

6. Formes harmoniques.

a. Formes harmoniques; formes polaires; relations d'apolarité entre deux formes.

b. Systèmes linéaires de formes; systèmes linéaires harmoniques.

c. Expression d'une forme par une somme de puissances de formes linéaires.

7. Formes binaires des degrés 3, 4, 5, 6.

a. Formes binaires du troisième degré.

b. Formes binaires du quatrième degré.

c. Formes binaires du cinquième degré.

d. Formes binaires du sixième degré.

e. Formes binaires de degré supérieur.

f. Système de plusieurs formes, dont l'une au moins est d'un degré supérieur au second.

8. Formes ternaires.

a. Formes ternaires du troisième degré (*ref.* M' **5j**).

b. Formes ternaires du quatrième degré (*ref.* M¹ **61**).

c. Formes ternaires de degré supérieur (*ref.* M¹ **1 g**).

d. Système de plusieurs formes dont l'une au moins est d'un degré supérieur au second.

9. Formes à plus de trois variables; systèmes de formes.

a. Formes quaternaires du troisième degré (*ref.* M² **3 g**).

b. Formes quaternaires du quatrième degré (*ref.* M² **4 n**).

c. Formes quaternaires de degré supérieur.

d. Système de plusieurs formes dont l'une au moins est d'un degré supérieur au second.

10. Formes quadratiques.

a. Théories et propriétés relatives à une forme quadratique; forme adjointe; réduction à la forme canonique; substitutions orthogonales.

b. Système de deux formes quadratiques. Réduction à la forme canonique; α. Système de plusieurs formes quadratiques ou linéaires.

c. Système linéaire de formes quadratiques.

d. Formes quadratiques et systèmes de formes quadratiques ternaires. Invariants et covariants; applications géométriques (*voir* L¹ **17, 18, 20** et **21**).

e. Formes quadratiques et systèmes de formes quadratiques quaternaires. Invariants et covariants; applications géométriques (*voir* L² **17, 18** et **19**).

11. Formes bilinéaires et multilinéaires.

a. Théories et propriétés relatives à une forme bilinéaire; réduction à la forme canonique.

b. Systèmes de deux ou de plusieurs formes bilinéaires. Réduction à la forme canonique.

c. Formes multilinéaires.

12. Théorie générale des imaginaires et des quantités complexes.

a. Imaginaires; calcul; interprétations géométriques (*voir* K 6 c).

b. Équipollences.

c. Quantités complexes au point de vue algébrique; clefs de Cauchy, Ausdehnungslehre (Grassmann), etc.; α. Complexes à multiplication commutative.

d. Quaternions.

e. Biquaternions.

f. Expressions complexes de l'ordre $n^{ième}$; expressions non restreintes ; expressions régulières.

g. Expressions bicomplexes de l'ordre $n^{ième}$.

h. Théorie des opérations (*ref.* **J 4 g**).

CLASSE C.

Principes du Calcul différentiel et intégral ; applications analytiques ; quadratures ; intégrales multiples ; déterminants fonctionnels ; formes différentielles ; opérateurs différentiels.

1. Calcul différentiel.

a. Différentielles et dérivées ; formule des accroissements finis ; différentielles et dérivées d'ordre entier (*cf.* **D 1 c**).

b. Dérivées d'indice quelconque (*cf.* **C 2 h**).

c. Changements de variables.

d. Formation des équations différentielles.

e. Séries de Taylor et de Maclaurin pour les variables réelles ; α. Vraies valeurs des expressions indéterminées (*cf.* **D 1 c**).

f. Étude de la variation des fonctions ; maxima et minima.

g. Autres applications analytiques du Calcul différentiel.

2. Calcul intégral.

a. *Intégrales indéfinies* simples (à un seul $\int$); méthodes générales d'intégration ; fonctions rationnelles.

b. Différentielles binômes; α. Généralisations diverses.

c. Intégrales dépendant de la racine carrée d'une fonction entière du second degré; intégration; applications analytiques.

d. Intégrales elliptiques et hyperelliptiques au point de vue de la décomposition et de l'intégration par des fonctions rationnelles et logarithmiques; α. Intégrales pseudo-elliptiques (*cf.* **F2d** et **G1b**β).

e. Intégrales dépendant des fonctions e^x, $\sin x$, $\log x$, $\arcsin x$, ...

f. Autres intégrales simples indéfinies.

g. Intégrales multiples; définitions; changements de variables; intégrales multiples remarquables, etc.

h. *Intégrales définies* simples ou multiples; existence de l'intégrale; continuité; généralités (*cf.* **D1c**).

i. Différentiation et intégration sous le signe $\int$.

j. Calcul numérique des intégrales définies; méthodes d'approximation; formules de quadrature (*ref.* **X4c**).

k. Autres propriétés générales relatives aux intégrales définies.

l. Intégrales de différentielles totales; conditions d'intégrabilité.

3. Déterminants fonctionnels.

a. Généralités; propriétés fondamentales.

b. Étude de la somme $\displaystyle\sum \frac{\psi(x,\,y)}{\dfrac{\partial f}{\partial x}\dfrac{\partial\varphi}{\partial y}-\dfrac{\partial f}{\partial y}\dfrac{\partial\varphi}{\partial x}}$, étendue aux points communs aux courbes $f=0$, $\varphi=0$; α. Étude analogue dans le cas de n fonctions (*ref.* **B3d**).

4. Formes différentielles.

a. Généralités; invariants; paramètres différentiels d'une forme; formes covariantes.

b. Formes quadratiques; transformation.

c. Système de plusieurs formes différentielles.

d. Application à l'extension de la mesure de courbure et applications diverses (*ref.* **Q1d**).

5. Opérateurs différentiels.

CLASSE D.

Théorie générale des fonctions et son application aux fonctions algébriques et circulaires; séries et développements infinis, comprenant en particulier lès produits infinis et les fractions continues considérées au point de vue algébrique; nombres de Bernoulli; fonctions sphériques et analogues.

1. Fonctions de variables réelles.

a. Singularités et discontinuités diverses d'une fonction d'une variable réelle; fonctions discontinues; fonctions continues sans dérivées, etc.; limites et limites d'indétermination.

b. Représentation par des séries diverses; α. Série de Fourier; β. Séries de polynômes de Legendre; γ. Séries de fonctions de Bessel; δ. Séries trigonométriques où les nombres entiers sont remplacés par les racines d'une équation transcendante; ε. Représentation approchée par des fonctions entières.

c. Différentiation et intégration; théorème de Rolle; série de Taylor (*voir* C **1** et **2**).

d. Fonctions de deux ou plusieurs variables réelles, généralités; α. Singularités; β. Représentation par des séries de fonctions sphériques (*ref.* D **6f**); γ. Représentation par des séries de Lamé (*ref.* D **6g**); δ. Représentation par d'autres séries.

2. Séries et développements infinis (*cf.* B **1e**).

a. Généralités sur les séries; α. Règles de convergence; β. Convergence absolue et semi-convergence; γ. Convergence uniforme, différentiation et intégration des séries; δ. Séries à double entrée et à entrée multiple; ε. Limites d'indéterminations des séries divergentes à termes réels; ζ. Approximation par les séries divergentes (*ref.* E **1e** et U).

b. Séries particulières; convergence et sommation; α. Séries de puissances; β. Séries trigonométriques; γ. Séries à termes rationnels.

c. Produits infinis et factorielles.

d. Fractions continues algébriques; généralités; α. Fractions périodiques.

e. Représentation par des fractions continues des séries de puissances décroissantes ou croissantes; étude des polynômes qui forment les numérateurs et les dénominateurs des réduites (*ref.* **A 3 j**); α. Approximation d'une fonction quelconque par le moyen de ces polynômes (*ref.* **D 1 b**); β. Réduction en fractions continues de certaines fonctions particulières (*ref.* **H 5 g, E 3 et 4**).

f. Généralisations diverses des fractions continues algébriques; α. Approximation simultanée de plusieurs fonctions par des fractions de même dénominateur (*ref.* **A 3 j, H 5 g**).

3. Théorie des fonctions, au point de vue de Cauchy.

a. Généralités sur les fonctions d'une variable imaginaire.

b. Théorème de Cauchy sur l'intégrale le long d'un contour; α. Série de Taylor et de Laurent dans le cas des variables imaginaires.

c. Applications diverses du théorème de Cauchy; α. au calcul des intégrales définies; β. à la discussion et à la résolution des équations; γ. à la série de Lagrange.

d. Extension des résultats précédents aux fonctions de deux ou plusieurs variables.

e. Résidus des intégrales doubles ou multiples.

f. Points singuliers des fonctions de variables imaginaires; α. Pôles; β. Points singuliers essentiels; γ. Points de ramification.

g. Périodicité.

4. Théorie des fonctions au point de vue de M. Weierstrass.

a. Fonctions entières; propriétés générales.

b. Facteurs primaires; développements en produits; α. Détermination du genre.

c. Fonctions méromorphes; α. Théorème de M. Mittag-Leffler.

d. Fonctions ayant une infinité de points singuliers essentiels.

e. Coupures naturelles; α. Fonctions à espaces lacunaires; β. Extension à ces fonctions du théorème de M. Mittag-Leffler; γ. Extensions diverses de ce théorème.

f. Extension des théories de M. Weierstrass aux fonctions de plusieurs variables.

5. Théorie des fonctions au point de vue de Riemann.

a. Emploi des coupures artificielles et applications diverses.

b. Théorie des surfaces de Riemann (*ref.* **D6a**γ).

c. Principe de Dirichlet; existence de l'intégrale de l'équation $\frac{\partial^2 u}{\partial x^2} + \frac{\partial^2 u}{\partial y^2} = 0$ (*ref.* **H10d**); α. Représentation conforme (*ref.* **P3a**); β. Extensions diverses du principe de Dirichlet.

d. Théorie générale des fonctions non uniformes à une seule variable; α. à plusieurs variables.

6. Fonctions algébriques, circulaires et diverses.

a. Fonctions algébriques d'une ou de plusieurs variables, généralités; α. Etude du groupe de monodromie; β. Echange des valeurs de la fonction dans le voisinage d'un point donné; γ. Disposition des feuillets de la surface de Riemann (*ref.* **D5b**).

b. Fonctions circulaires, exponentielles et logarithmiques, généralités (pour la Trigonométrie proprement dite, *voir* **K20**); α. Application des théorèmes de MM. Weierstrass et Mittag-Leffler; β. Interpolation trigonométrique; γ. Identités trigonométriques; δ. Décompositions en éléments simples.

c. Développements divers de ces fonctions; α. en séries de puissances; β. en séries à termes rationnels; γ. en produits infinis; δ. Nombres de Bernoulli (*cf.* **E1d**); ε. autres nombres remarquables, provenant de séries analogues.

d. Fonctions hyperboliques.

e. Fonctions de Bessel et de Mehler (*cf.* **H5i**).

f. Fonctions sphériques (*ref.* **D1d**β).

g. Fonctions de Lamé (*ref.* **D1d**γ).

h. Fonctions hypersphériques et analogues.

i. Fonctions diverses.

j. Théorie arithmétique des fonctions algébriques (Kronecker, Dedekind).

CLASSE E.

Intégrales définies, et en particulier intégrales eulériennes.

1. Fonctions Γ.

a. Propriétés fondamentales et formes diverses de $\Gamma(x)$. Propriétés de $\dfrac{1}{\Gamma(x)}$.

b. Développement en produit.

c. Développement de $\log\Gamma(1 + x)$ et de ses dérivées.

d. Constante d'Euler (pour les nombres de Bernoulli *voir* **D6cδ**).

e. Formule de Stirling et applications.

f. Produit de deux fonctions Γ; formule de Binet; fonction $B(p, q)$, ses formes diverses.

g. Fonctions P et Q.

h. Application des fonctions Γ et B au calcul des intégrales définies.

i. Généralisations des fonctions Γ, P et Q (*ref.* **H12g**).

j. Nombres remarquables apparaissant dans les théories précédentes.

2. Logarithme intégral (*ref.* **I9b**).

3. Intégrales définies de la forme $\displaystyle\int_a^b c^{zx}\, F(z)\, dz$.

a. Leur calcul inverse (fonctions génératrices d'Abel).

b. Développement en fractions continues (*ref.* **H5g, D2e** et **f**).

4. Intégrales définies de la forme $\displaystyle\int_a^b \frac{F(z)}{x-z}\, dz$.

a. Leur calcul inverse.

b. Développement en fractions continues; propriétés des dénominateurs des réduites (*ref.* **H5g, D2eβ** et **fα**).

5. Intégrales définies diverses.

CLASSE F.

Fonctions elliptiques avec leurs applications.

1. Fonctions θ et fonctions intermédiaires en général.

a. Définitions et propriétés générales de la fonction Θ.

b. Les quatre fonctions de Jacobi, généralités; zéros et périodes. Relation entre les quatre fonctions Θ; développements en séries; α. Développements en séries des produits et quotients des quatre fonctions Θ.

c. Développement des fonctions Θ en produits; α. Détermination de $\varphi(q)$.

d. Fonctions Θ en général; relations entre ces fonctions; α. Fonctions Θ obtenues en partageant les périodes en n parties égales.

e. Formes en nombre infini des fonctions Θ.

f. Fonctions intermédiaires en général; α. Fonctions Al.

g. Fonction σ, propriétés générales; développement en produit; en série entière.

2. Fonctions doublement périodiques.

a. Propriétés générales des fonctions doublement périodiques de première espèce; relations entre les résidus.

b. Représentation de ces fonctions; par le quotient de deux produits de fonctions Θ ou σ du premier ordre; par le quotient de deux fonctions Θ d'ordre supérieur.

c. Élimination de l'inconnue entre deux équations doublement périodiques; α. Interpolation.

d. Décomposition des fonctions doublement périodiques en éléments simples. (*Pour les intégrales pseudo-elliptiques, voir* **C2d**α *et cf.* **G1b**β.)

e. Fonctions doublement périodiques de deuxième espèce; fonction $\zeta(u)$.

f. Fonctions doublement périodiques de troisième espèce; généralités; α. Décomposition en éléments simples.

g. Fonctions sn u, cn u, dn u; généralités; expressions à l'aide des fonctions Θ; zéros et périodes.

h. Fonction $p(u)$; sa définition; expression à l'aide de σ; relations entre $p(u)$ et les fonctions sn u, cn u, dn u.

3. Développements des fonctions elliptiques.

a. Développement par les séries d'Eisenstein; α. par les séries à double indice de M. Weierstrass (application du théorème de M. Mittag-Leffler); β. Développement de $p(u)$ en série à double indice.

b. Développements de sn, cn, dn en séries ordonnées suivant les puissances du module et de la variable; α. Développement de $p(u)$ suivant les puissances de u, g_2, g_3.

c. Développements en séries trigonométriques; α. de sn, cn, dn; β. des fonctions de première espèce en général; γ. de $\zeta(u)$; δ. de $p(u)$.

d. Développements en produits; α. Développements divers.

4. Addition et multiplication.

a. Formules d'addition pour sn, cn, dn; α. pour ζ, Θ, ...; β. pour $p(u)$, $\sigma(u)$, ...

b. Théorie générale de la multiplication et de la division.

c. Formules de multiplication pour sn, cn, dn; α. pour $p(u)$.

d. Résolution des équations algébriques auxquelles conduit le problème de la division de l'argument.

5. Transformation.

a. Théorie générale de la transformation; α. au point de vue des relations entre les périodes; β. au point de vue de la substitution d'un polynôme dans l'intégrale.

b. Formation des équations qui lient les deux valeurs de sn; α. des équations analogues en $p(u)$; β. des équations modulaires en k; γ. des équations en J; δ. de l'équation aux multiplicateurs.

c. Discussion et résolution des équations en sn; α. en $p(u)$.

d. Discussion des équations modulaires en k; α. en J;. β. de l'équation au multiplicateur (*ref*. A·**4d**).

e. Transformations particulières; α. de Landen.

6. Fonctions elliptiques particulières.

a. Fonctions provenant de l'intégrale $\int \dfrac{dx}{\sqrt{1+x^4}}$.

b. Division de la lemniscate.

c. Multiplication complexe.

d. Autres fonctions particulières.

7. Fonctions modulaires.

a. Étude de la fonction J; généralités; α. Propriétés au point de vue de la théorie générale des fonctions; β. Étude de la fonction k^2 ou $\varphi^8(\omega)$ au même point de vue.

b. Développements des fonctions modulaires en **fonctions de** q; α. en séries entières; β. en produits; γ. en séries à **termes** rationnels.

c. Définition des périodes en fonction du module par des équations différentielles; α. Représentation par des séries hypergéométriques.

d. Fonctions modulaires d'ordre supérieur; généralités; α. Fonctions modulaires provenant d'une *Congruenzgruppe*.

8. Applications des fonctions elliptiques.

a. Applications algébriques; inversion des intégrales algébriques; α. Moyenne arithmético-géométrique de Gauss; Généralisations de cette moyenne; β. Autres applications.

b. Résolution de l'équation du cinquième degré; α. de certaines équations de degré supérieur.

c. Applications arithmétiques : α. à la partition des nombres (*ref*.**110**); β. à l'évaluation des sommes de Gauss.

d. A la décomposition des nombres en sommes : α. de trois carrés; β. de quatre carrés; γ. de plus de quatre carrés (*ref*.**117 a, b, c**).

e. A la détermination du nombre des classes de formes quadratiques de déterminant donné (*ref.*I**14**); α. par la multiplication complexe; β. par la transformation.

f. Applications géométriques; α. à la Trigonométrie sphérique (*ref.*K**20f**); β. aux théorèmes de Poncelet, et aux théorèmes analogues (*ref.*K**11c**, L'**17d** et L'**19c**); γ. Interprétations géométriques du théorème d'addition.

g. Aux courbes de genre un (*voir* M'**4b** et M³**4b**).

h. Applications mécaniques et physiques; α. Pendule conique; β. Courbe élastique; γ. Mouvement d'un corps autour d'un point fixe; polhodie, herpolhodie; δ. dans un liquide; ε. mouvement d'un point attiré par deux centres.

CLASSE G.

Fonctions hyperelliptiques, abéliennes, fuchsiennes.

1. Intégrales abéliennes.

a. Généralités; classification en espèces.

b. Décomposition d'une intégrale abélienne en intégrales simples de première, deuxième et troisième espèce; α. Conditions pour que l'intégrale soit une fonction rationnelle; β. une fonction rationnelle et logarithmique. (*Pour les intégrales elliptiques et hyperelliptiques, voir* C**2d**α *et cf.* F**2d**.)

c. Propriétés des intégrales de première, deuxième et troisième espèce; échange du paramètre et de l'argument. Applications aux fonctions algébriques.

d. Transformations birationnelles des courbes algébriques; α. Genre; β. Courbes normales; γ. Extension aux courbes à singularités quelconques (*ref.* M'**2b**).

e. Théorème d'Abel; α. Application à des intégrales abéliennes particulières; β. aux courbes planes ou gauches.

2. Généralisation des intégrales abéliennes (*ref.* M²**8**).

a. Intégrales de différentielles totales.

b. Intégrales doubles abéliennes; classification en espèces; α. Extension du théorème d'Abel.

3. Fonctions abéliennes.

a. Fonctions hyperelliptiques du second ordre; α. Relations entre les seize Θ.

b. Fonctions hyperelliptiques en général.

c. Fonctions Θ en général.

d. Zéros des fonctions Θ.

e. Problème de l'inversion de Jacobi; sa solution à l'aide des fonctions abéliennes; α. Problème de l'inversion étendu.

f. Intégration des différentielles algébriques par les fonctions abéliennes.

g. Intégration des équations différentielles par les fonctions abéliennes (*voir* H 5 c).

h. Monodromie des fonctions abéliennes.

i. Développements des fonctions abéliennes en séries.

4. Multiplication et transformation.

a. Addition et multiplication des fonctions abéliennes.

b. Transformation.

c. Formes en nombre infini des fonctions Θ.

d. Réduction des intégrales abéliennes : α. au point de vue des périodes; β. des modules; γ. Réduction des fonctions Θ.

5. Application des intégrales abéliennes.

a. Applications à l'Algèbre; équation du 6ᵉ degré.

b. Applications à la Mécanique.

c. Diverses.

6. Fonctions diverses.

a. Fonctions fuchsiennes et kleinéennes; généralités; groupes correspondants (*cf.* B 2 d, *ref.* J 4); α. Application aux équations différentielles (*ref.* H 4 f); β. aux courbes algébriques; γ. à l'Arithmétique.

b. Fonctions hyperfuchsiennes; α. fonctions hyperabéliennes (*cf.* M² 8 e α).

c. Transcendantes diverses.

2

CLASSE H.

Équations différentielles et aux différences partielles; équations fonctionnelles;
équations aux différences finies; suites récurrentes.

1. Équations différentielles; généralités.

a. Existence de l'intégrale.

b. Diverses sortes d'intégrales.

c. Procédés généraux de calcul : séries, quadratures, variation des constantes, etc. . . . .

d. Abaissement de l'ordre d'une équation; α. Transformations infinitésimales.

e. Irréductibilité; relations entre différentes intégrales d'une même équation; α. entre les intégrales de deux ou plusieurs équations.

f. Multiplicateur.

g. Étude des fonctions intégrales; points critiques.

h. Courbes définies par les équations différentielles.

i. Transformations diverses d'une équation différentielle; invariants.

2. Équations différentielles du premier ordre.

a. Généralités; intégrale générale; théorie du facteur intégrant.

b. Intégrales singulières.

c. Équations particulières du premier ordre; α. Équations ne contenant que la fonction et sa dérivée; leur intégration par les fonctions elliptiques; β. Équations intégrables algébriquement; équation d'Euler; γ. Équations de Riccati; δ. Équations intégrables par différentiation; ε. Équations réductibles à une équation linéaire.

d. Transformations diverses; invariants.

3. Équations différentielles particulières, d'ordre supérieur au premier et non linéaires.

a. Équations binômes.

b. Équations générales de la Dynamique (*voir* aussi aux équations aux dérivées partielles); α. Équations provenant du calcul des variations (*ref.* J**3a** et **c**).

c. Équations diverses.

4. Équations linéaires en général.

a. Généralités; étude des intégrales; points critiques; intégrales régulières; α. Intégrales irrégulières.

b. Équation adjointe.

c. Irréductibilité.

d. Transformations des équations linéaires; invariants.

e. Groupe d'une équation linéaire.

f. Inversion des fonctions provenant de l'intégration d'une équation linéaire (*ref.* G**6a**α).

g. Formation des équations linéaires, d'après des conditions imposées aux intégrales.

h. Décomposition symbolique des expressions différentielles.

i. Équations à second membre.

j. Systèmes d'équations linéaires; système adjoint.

5. Équations linéaires particulières.

a. Équations à coefficients constants; α. Équations analogues intégrables par les procédés élémentaires.

b. Équations à coefficients algébriques intégrables algébriquement.

c. Intégration des équations linéaires par les fonctions elliptiques et abéliennes (*cf.* G**3g**).

d. Équations à coefficients périodiques; α. doublement périodiques; β. Équation de Lamé.

e. Réduction des équations linéaires aux formes intégrables et réduction de l'ordre.

f. Équation hypergéométrique; série hypergéométrique de Gauss; α. Fonctions hypergéométriques d'ordre supérieur à une ou plusieurs variables; β. Équation de Kummer.

g. Équations linéaires admettant comme intégrales un ou plusieurs polynômes; propriétés de ces polynômes (*ref.* A**3j**, D**2e**, D**2f**, E**3** et **4**); α. Polynômes de Legendre (*ref.* D**1b**β); β. Polynômes satisfaisant à l'équation hypergéométrique.

h. Équations linéaires intégrables par des intégrales définies:
α. Transformation de Laplace.

i. Équations de Laplace; α. Équations de Bessel; fonctions de Bessel (*ref.* **D1bγ**, **D6e**).

j. Équations diverses; α. Équations du second ordre.

6. Équations aux différentielles totales.

a. Généralités.

b. Systèmes intégrables; procédés d'intégration.

7. Équations aux dérivées partielles; généralités.

a. Existence de l'intégrale.

b. Points critiques.

c. Transformations diverses.

8. Équations aux dérivées partielles du premier ordre.

a. Procédés d'intégration antérieurs à Jacobi; α. Méthode de Pfaff.

b. Méthode de Jacobi; crochets; théorème de Poisson.

c. Crochets d'ordre supérieur.

d. Méthode de Cauchy.

e. Intégrales singulières.

f. Équations particulières diverses.

9. Équations aux dérivées partielles d'ordre supérieur au premier.

a. Méthode d'intégration de Monge et d'Ampère pour les équations du second ordre.

b. Généralisations diverses de cette méthode.

c. Intégration par quadratures partielles.

d. Équations particulières du second ordre;

$$\alpha. \quad \Delta u = \mathrm{F}\left(x, y, u, \frac{du}{dx}, \frac{du}{dy}\right);$$

$$\beta. \quad \Delta u = k e^{u} \quad (\textit{ref. } \textbf{H10d});$$

e. Équations linéaires du second ordre de la forme

$$s + ap + bq + cz = 0 \quad (voir\ \mathbf{H10});$$

méthode de Laplace; α. Équations particulières.

f. Équations d'ordre supérieur au second.

g. Intégrales singulières.

h. Équations simultanées d'un ordre quelconque; α. du premier ordre; β. linéaires.

10. Équations linéaires aux dérivées partielles à coefficients constants (*cf*.H9e).

a. Existence d'une intégrale satisfaisant aux limites à des conditions données.

b. Intégration par les intégrales définies.

c. Intégration par les séries.

d. Étude particulière des équations : α. $\Delta u = 0$; β. $\Delta u + \dfrac{du}{dt} = 0$; γ. $\Delta u + ku = 0$ (*ref.*D**5**c, R**5**, T**5**).

e. Équations diverses.

11. Équations fonctionnelles.

a. Généralités; existence de l'intégrale.

b. Recherche des fonctions transcendantes ou algébriques admettant un théorème d'addition ou de multiplication.

c. Équations fonctionnelles particulières.

12. Théorie des différences.

a. Théorie générale des différences; α. Applications à la sommation des séries et à l'interpolation; β. Relation d'Euler entre la fonction, son intégrale, sa dérivée et ses différences finies.

b. Équations aux différences finies; α. aux différences mêlées.

c. Théorie des fonctions génératrices.

d. Suites récurrentes à un indice; expression du terme général.

e. Application des suites récurrentes : α. à l'étude des équations algébriques; β. à l'intégration des équations linéaires.

f. Suites récurrentes à deux ou plusieurs indices.

g. Intégrales définies provenant des équations différentielles linéaires et satisfaisant à des équations linéaires aux différences finies (*ref.* **E1i**).

h. Application du calcul des différences finies aux équations différentielles linéaires.

CLASSE I.

Arithmétique et théorie des nombres; analyse indéterminée; théorie arithmétique des formes et des fractions continues; division du cercle; nombres complexes, idéaux, transcendants.

1. Numération; opérations arithmétiques; extraction des racines; nombres incommensurables; approximations.

2. Propriétés générales et élémentaires des nombres.

a. Plus grand commun diviseur et plus petit commun multiple.

b. Généralités élémentaires sur les nombres premiers et premiers entre eux ; caractères de divisibilité ; α. Décomposition d'un nombre en facteurs premiers ; procédés divers (*cf.* **I 13 c**).

c. Étude et propriétés de la fonction $\varphi(m)$ (nombre des entiers premiers à m et plus petits que m); diviseurs des produits $1.2\ldots m$ et $n(n+1)\ldots(n+m)$.

3. Congruences.

a. Généralités ; limite du nombre des racines dans le cas d'un module premier ; α. Racines communes à deux congruences.

b. Théorèmes de Fermat et de Wilson ; généralisations diverses de ces théorèmes.

c. Congruences irréductibles ; imaginaires de Galois.

4. Résidus quadratiques.

a. Symbole de Legendre ; propriétés générales ; α. Caractère quadratique de 2 ; β. Loi de réciprocité.

b. Étude générale de la congruence $x^2 \equiv q \pmod{N}$.

c. Symbole de Jacobi ; α. Loi de réciprocité.

5. Nombres complexes de la forme $a + b\sqrt{-1}$.

a. Propriétés générales; décomposition en facteurs; nombres premiers absolus.

b. Congruences dans le cas d'un module complexe; α. Extensions aux nombres complexes des théorèmes de Fermat, Wilson et analogues.

c. Résidus quadratiques dans le cas des nombres complexes; α. Symbole de Dirichlet.

6. Quaternions à coefficients entiers.

a. Généralités.

b. Décomposition d'un quaternion en quaternions premiers.

7. Résidus de puissances et congruences binômes.

a. Généralités sur la congruence binôme; systèmes de racines primitives.

b. Théorie de l'indice.

c. Théorie des résidus cubiques.

d. Théorie des résidus biquadratiques.

8. Division du cercle.

a. Division en $2^\mu k + 1$ parties égales; α. $k = 1$.

b. Déterminants d'une forme spéciale auxquels conduit la division du cercle.

c. Application à la décomposition des nombres en sommes de carrés.

9. Théorie des nombres premiers.

a. Théorème de Dirichlet sur la progression arithmétique.

b. Distribution des nombres premiers; nombres premiers compris entre deux limites données (*ref.* E 2).

c. Autres théories générales relatives aux nombres premiers, et non comprises dans les groupes précédents.

10. Partition des nombres (*ref.* F 8 c α).

11. Fonctions numériques autres que $\varphi(m)$.

a. Propriétés diverses.
b. Représentations analytiques.
c. Expressions asymptotiques des fonctions numériques.

12. Formes et systèmes de formes linéaires.

a. Généralités; réduction à la forme canonique; application aux substitutions linéaires; conditions d'équivalence.
b. Représentation d'un nombre ou de plusieurs nombres par une ou plusieurs formes linéaires; analyse indéterminée du premier degré.

13. Formes quadratiques binaires.

a. Condition d'équivalence de deux formes à déterminant négatif; formes réduites de Gauss.
b. Représentation d'un nombre par une forme de déterminant négatif; α. Décomposition en une somme de deux carrés.
c. Application à la décomposition d'un nombre en facteurs premiers.
d. Équivalence de deux formes à déterminant positif; formes réduites de Gauss.
e. Périodes de Gauss.
f. Équation de Pell et équations analogues.
g. Composition des formes.
h. Formes quadratiques binaires *complexes*.

14. Nombre des classes de formes quadratiques binaires.

a. Nombre des classes de formes de déterminant négatif (*ref.* F 8 e).
b. Nombre des classes de formes de déterminant positif (*ref.* F 8 e).

15. Formes quadratiques définies.

a. Équivalence de deux formes définies à coefficients réels; α. Formes réduites de Dirichlet; β. De MM. Korkine et Zolotareff; γ. Nombre des classes.

b. Formes quadratiques à indéterminées complexes..

c. Équivalence de deux formes quadratiques définies complexes; α. Formes réduites; β. Nombre de classes.

d. Applications diverses (non compris la représentation des nombres); α. Réduction d'une substitution.

16. Formes quadratiques indéfinies.

a. Formes réduites; méthode de M. Hermite pour l'étude de l'équivalence; substitutions correspondantes.

17. Représentation des nombres par les formes quadratiques.

a. Représentation d'un nombre par une forme quadratique définie (*ref.* **F 8 d**); α. Indéfinie.

b. Décomposition d'un nombre en une somme de quatre carrés (*ref.* **F 8 d**).

c. Décomposition en somme de trois carrés (*ref.* **F 8 d**).

d. Représentation de plusieurs nombres par plusieurs formes quadratiques.

e. Représentation d'une forme à n variables par une forme à un plus grand nombre de variables.

18. Formes de degré quelconque.

a. Équivalence de deux formes; nombre de classes.

b. Formes décomposables en facteurs linéaires.

c. Représentation d'un nombre ou plusieurs nombres par une ou plusieurs formes.

19. Analyse indéterminée d'ordre supérieur au premier.

a. Analyse indéterminée du second degré (à l'exception de la théorie de la représentation des nombres par les formes quadratiques).

b. Dernier théorème de Fermat : $x^p + y^p = z^p$.

c. Autres équations indéterminées.

20. Systèmes de formes.

a. Formes linéaires et quadratiques.
b. Formes de degré supérieur.

21. Formes au point de vue du genre.

a. Formes quadratiques binaires.
b. Formes quadratiques en général.
c. Formes de degré supérieur.

22. Nombres entiers algébriques.

a. Théorie générale des entiers algébriques
b. Nombres complexes formés avec les racines de l'unité.
c. Théorie générale des unités complexes.
d. Nombres idéaux.

23. Théorie arithmétique des fractions continues.

a. Fractions réelles; α. périodiques.
b. Fractions complexes.
c. Approximation simultanée de plusieurs quantités par des fractions de même dénominateur.

24. Nombres transcendants.

a. Expressions diverses et transcendance de e.
b. Expressions diverses et transcendance de π.
c. Autres nombres transcendants. Formation de pareils nombres à l'aide des fractions continues.

25. Divers.

a. Suites de Farey et analogues.

CLASSE J.

Analyse combinatoire; Calcul des probabilités; calcul des variations; **théorie
générale des groupes de transformations** [en laissant de côté les **groupes de
Galois** (A), les groupes de substitutions linéaires (B) et les **groupes de
transformations géométriques** (P)]; théorie des ensembles de M. Cantor.

1. Analyse combinatoire.

a Groupes où l'on tient compte de l'ordre : α. Permutations et
arrangements de toutes sortes; nombre et loi de formation;
β. Structure; séquences, etc.; γ. Manière de ramener les permutations les unes aux autres par permutation circulaire de groupes
d'éléments: permutations semblables, etc.

b. Groupes où l'ordre est indifférent : α. Combinaisons simples
et avec répétition; β. Combinaisons régulières; complètes.

c. Fonctions qui se présentent dans l'analyse combinatoire;
théorie des chemins.

d. Applications; α. A la recherche des termes généraux des
séries; β. des tables; γ. des coefficients de certains développements.

2. Calcul des probabilités.

a. Généralités; principes et théorèmes fondamentaux; théorèmes de Bayes, etc.

b. Étude des phénomènes que l'on observe dans la répétition des
mêmes épreuves; théorème de Bernoulli; loi des grands nombres.

c. Applications aux jeux de hasard; espérance mathématique.

d. Assurances sur la vie et rentes viagères; lois de mortalité;
statistique.

e. Méthodes dans les sciences d'observation; théorie des er-
reurs; moindres carrés.

f. Problèmes divers de probabilités.

g. Application du calcul aux sciences morales et économiques.

3. Calcul des variations (*ref*. O51).

a. Première variation des intégrales simples; maxima et minima
des intégrales définies (*ref*. H **3 b** α).

b. Variation seconde des intégrales simples.

c. Variations première et seconde des intégrales multiples (*ref.* H 3 b α).

4. Théorie générale des groupes de transformations.

a. Généralités sur les substitutions et les groupes; α. Transitivité; β. Groupes primitifs et non primitifs; γ. Groupes composés; facteurs de composition.

b. Liaison entre les groupes et les fonctions; théorème de Lagrange; α. Isomorphisme.

c. Valeurs d'une fonction de k lettres quand on y permute ces lettres.

d. Groupes d'ordre fini en général.

e. Groupes discontinus (*cf.* B 2 d β, *ref.* G 6 a).

f. Groupes continus (*cf.* B 2 d β); théorème de M. Lie.

g. Théorie générale des opérations (*ref.* B 12 h).

5. Théorie des ensembles de M. Cantor.

GÉOMÉTRIE.

CLASSE K.

Géométrie et Trigonométrie élémentaires (étude des figures formées de droites, plans, cercles et sphères); Géométrie du point, de la droite, du plan, du cercle et de la sphère; Géométrie descriptive; Perspective.

1. Triangle plan, droites et points.

a. Théorie élémentaire des transversales et applications.

b. Relations entre les longueurs des côtés et de certaines lignes remarquables; α. Théorèmes sur les bissectrices et leurs pieds; β. Théorèmes sur les médianes, leurs pieds, leur point de concours; γ. Théorèmes sur les hauteurs, leurs pieds, leur point de concours; δ. Théorèmes sur les symédianes, leurs pieds, leur point de concours.

c. Autres théorèmes relatifs au triangle, dans l'énoncé desquels ne figurent que des points et des droites; points remarquables par rapport à un triangle (*ref.* K 2 e).

d. Aire des triangles.

N. B. — *Pour les formules relatives au triangle, où interviennent des lignes trigonométriques,* voir **K 20 e**.

2. Triangle, droites, points et cercles.

a. Théorèmes dans l'énoncé desquels figure le centre ou le rayon du cercle circonscrit; droite dite de Simson.

b. Théorèmes dans l'énoncé desquels figure le centre ou le rayon du cercle inscrit; théorèmes dans l'énoncé desquels figurent les centres ou les rayons des cercles exinscrits; **α.** Propriétés d'un point de l'un de ces cercles.

c. Cercle des neuf points.

d. Autres cercles et autres courbes remarquables du plan d'un triangle; points remarquables correspondants (*ref.* **K1c**).

e. Théorèmes sur les triangles et les cercles ne rentrant pas dans un des groupes précédents.

3. Triangles spéciaux.

a. Triangle isoscèle.
b. Triangle équilatéral.
c. Triangle rectangle.

4. Constructions de triangles.

Constructions de triangles quand on donne certaines lignes ou angles en relation avec le triangle, et en général quand on donne le nombre de conditions nécessaires pour déterminer un triangle *cf.* K**12** et K**21a**).

5. Systèmes de triangles.

a. Triangles semblables; figures semblables (*ref.* P**1e**).
b. Triangles homothétiques; figures homothétiques (*ref.* P**1e**).
c. Triangles homologiques; figures homologiques (*ref.* P**1d**).
d. Triangles satisfaisant à une condition de moins qu'il n'est nécessaire pour les déterminer complètement. Lieux ou enveloppes de points ou droites remarquables. Questions de maximum.

6. Géométrie analytique; coordonnées.

a. Géométrie analytique; généralités. Coordonnées cartésiennes, trilinéaires, tétraédriques.

b. Systèmes divers de coordonnées dans le plan, sur la sphère, sur une surface quelconque et dans l'espace.

c. Représentations géométriques des figures imaginaires (*cf.* L'**8b**).

7. Rapport anharmonique; homographie; division harmonique; involution.

a. Rapport anharmonique de quatre points, de quatre droites, de quatre plans; théorèmes et problèmes divers. Généralisations diverses.

b. Divisions homographiques sur des droites différentes. Faisceaux homographiques des sommets distincts. Théorèmes divers (*ref.*P**1**a).

c. Divisions homographiques sur une même droite; points doubles. Faisceaux homographiques de même sommet ou de même axe, rayons ou plans doubles. Relations et propriétés diverses (*ref.*P**1**a).

d. Division harmonique sur une droite. Faisceaux harmoniques et équianharmoniques. Polaire d'un point par rapport à un système de deux droites. Quadrilatère et quadrangle complet. Problèmes et théorèmes divers.

e. Involution de six points en ligne droite, de six droites concourantes ou de six plans passant par une droite. Divisions homographiques et faisceaux homographiques en involution; point central; points doubles, rayons doubles et plans doubles; théorèmes et problèmes divers (*ref.*P**1**a).

8. Quadrilatère.

a. Théorèmes et problèmes généraux relatifs au quadrilatère.

b. Quadrilatère inscriptible. Expressions diverses de la propriété de quatre points situés sur un cercle.

c. Quadrilatère circonscriptible.

d. Trapèze.

e. Parallélogramme en général et ses variétés.

f. Quadrilatères spéciaux divers (Brahmegupta, etc.).

9. Polygones.

a. Propriétés, théorèmes et problèmes généraux. α. Aires; centres de gravité.

b. Polygones réguliers.

c. Polygones semi-réguliers.

d. Autres classes spéciales de polygones; α. Polygones harmoniques.

N. B. — *Pour les formules où interviennent des lignes trigonométriques,* voir K 20 e α.

10. Circonférence de cercle.

a. Généralités; propriétés élémentaires; mesure des angles.

b. Pôles et polaires (pour l'inversion, *voir* P 3 b).

c. Calcul de π par les méthodes géométriques; longueur des arcs; aires du secteur et du segment (*cf.* K 21 d).

d. La circonférence envisagée comme une conique; points cycliques du plan; expression des angles à l'aide des rapports anharmoniques. Divisions homographiques sur une circonférence; divisions harmoniques (*cf.* L¹ 1 d). Cercle imaginaire.

e. Théorèmes et problèmes divers dans l'énoncé desquels ne figurent qu'une circonférence, des droites et des points.

11. Systèmes de plusieurs cercles.

a. Axes radicaux; centre radical de trois cercles; points limites d'un faisceau de cercles; faisceaux orthogonaux de cercles; réseaux de cercles.

b. Centres de similitude de deux cercles; théorèmes sur les points et tangentes homologues et antihomologues; centres et axes de similitude de trois cercles pris deux à deux.

c. Polygones inscrits et circonscrits à deux cercles; théorèmes et problèmes généraux (*ref.* F 8 f β et L¹ 17 d).

d. Théorèmes et problèmes divers dans l'énoncé desquels figurent deux cercles, des points et des droites.

e. Théorèmes et problèmes divers dans l'énoncé desquels figurent plus de deux cercles, des droites et des points.

12. Constructions de circonférences.

a. Constructions de circonférences quand, dans les données, n'interviennent que des droites ou des points.

b. Constructions de circonférences quand, dans les données, jnterviennent des cercles, des droites et des points; α. Circonférences tangentes à trois circonférences; coupant trois circonférences sous des angles donnés; coupant quatre circonférences sous des angles égaux; β. Problème de Malfatti.

13. Points, plans et droites; trièdres; tétraèdre.

a. Généralités; théorèmes fondamentaux de la géométrie de l'espace; angle dièdre.

b. Trièdre(*ref*.K**17**, **a** et **b**); α. Trièdres particuliers.

c. Tétraèdre; centre de gravité; hauteurs, volume, etc. (*ref*.K **16b**). Quadrilatère gauche; α. Propriétés du tétraèdre à hauteurs concourantes; β. Tétraèdre équilatéral, dont les arêtes opposées sont égales; γ. Autres tétraèdres spéciaux.

14. Polyèdres.

a. Angles polyèdres.

b. Généralités sur les polyèdres; formule d'Euler, etc.

c. Polyèdres réguliers. α. Polyèdres semi-réguliers.

d. Aires et volumes des polyèdres; centres de gravité.

e. Similitude et homothétie (*ref*.P**1e**); α. Homologie (*ref*.P **1d**).

f. Polyèdres spéciaux.

g. Division de l'espace en polyèdres; assemblages de Bravais, ...

15. Cylindre et cône droits.

a. Cylindre droit; généralités; aire; volume; développement; centre de gravité du cylindre tronqué.

b. Cône droit; généralités; aire, volume, développement; tronc de cône.

16. Sphère.

a. Généralités; grands cercles, petits cercles. Expressions diverses de la propriété de cinq points situés sur une sphère.

b. Sphère circonscrite à un tétraèdre. α. Sphères inscrites et exinscrites à un tétraèdre (*ref*. K**13c**).

c. Pôles et polaires par rapport à la sphère. (Pour l'inversion et la projection stéréographique, *voir* P**3b**.)

d. Pôles et polaires par rapport à un cercle de la sphère; axe radical et centres de similitude de deux petits cercles; cercle tangent à trois petits cercles donnés, etc. Systèmes de petits cercles.

e. La sphère envisagée comme une quadrique; sphère de rayon nul; cercle de l'infini (*ref.* L² **1**).

f. Théorèmes et problèmes divers dans l'énoncé desquels ne figurent qu'une sphère, des plans, des droites et des points.

g. Volumes et centres de gravité des secteurs et segments sphériques.

17. Triangles et polygones sphériques.

a. Généralités; triangles supplémentaires; cas d'égalité des triangles (*ref.* K **13 b**).

b. Théorèmes sur le triangle sphérique dans l'énoncé desquels ne figurent que des points, des grands cercles, des plans et des droites (*ref.* K **13b**); α. Constructions de triangles sphériques.

c. Aire du triangle sphérique et du polygone sphérique; centres de gravité; α. Théorème de Lexell.

d. Triangle formé par trois petits cercles.

e. Polygones sphériques.

18. Systèmes de plusieurs sphères.

a. Plan radical de deux sphères; axe radical de trois sphères; centre radical de quatre sphères. Sphères orthogonales; systèmes de sphères orthogonales; faisceaux, réseaux, complexes linéaires de sphères.

b. Centres de similitude de deux sphères; points homologues et antihomologues.

c. Sphères tangentes à trois sphères données; à trois droites données (*ref.* M² **4i**γ).

d. Autres systèmes de sphères.

e. Théorèmes et problèmes divers dans l'énoncé desquels ne figurent que deux sphères, des plans, des droites et des points.

f. Théorèmes et problèmes divers dans l'énoncé desquels figurent trois sphères.

g. Théorèmes et problèmes divers dans l'énoncé desquels figurent plus de trois sphères.

19. Constructions de sphères.

a. Constructions de sphères quand, dans les données, n'interviennent que des plans, droites ou points.

b. Constructions de sphères quand, dans les données, interviennent des sphères, des plans, droites ou points; α. Sphère tangente à quatre sphères données; Sphère coupant quatre sphères sous des angles donnés ou cinq sphères sous des angles égaux: β. Problème de Malfatti.

20. Trigonométrie.

a. Généralités; formules d'addition.

b. Multiplication; expressions diverses de $\sin mx$, $\cos mx$, $\tang mx$; propriétés des polynômes et fractions correspondantes.

c. Division; recherche de $\sin\dfrac{x}{m}$, $\cos\dfrac{x}{m}$, $\tang\dfrac{x}{m}$ en fonction de certaines lignes trigonométriques de l'arc x; discussion et propriétés des équations obtenues; α. Résolution trigonométrique de l'équation du troisième degré et d'autres équations.

d. Relations diverses entre les lignes trigonométriques de plusieurs arcs.

e. Formules et questions relatives aux triangles plans (*cf*. K, **1** et **2**); α. Polygones plans (*cf*. K, **8** et **9**).

f. Trigonométrie sphérique (*ref*. F **8 f** α); Théorème de Legendre.

Pour les autres propriétés des lignes et fonctions trigonométriques *voir* D **6 b** et **c**.

21. Questions diverses.

a. Constructions à l'aide de la règle et du compas; α. A l'aide de la règle seule; β. Avec le compas seul; γ. Avec la règle et l'équerre; δ. Géométrographie (mesure de la simplicité des constructions géométriques).

b. Section de l'angle en trois et en plus de trois parties; constructions approchées.

c. Duplication du cube ; constructions approchées.

d. Rectification et quadrature approchée du cercle et des arcs de cercle.

22. Géométrie descriptive.

a. Généralités ; problèmes sur la droite, le plan, le cercle et la sphère.

b. Problèmes sur les surfaces et les courbes.

c. Méthode des projections cotées.

d. Stéréotomie.

23. Perspective.

a. Perspective conique.

b. Perspective cavalière.

c. Perspective axonométrique et isométrique.

CLASSE L.

Coniques et surfaces du second degré

L¹. — Coniques.

1. Généralités.

a. Définitions diverses ; équations et classification.

b. Théorèmes généraux sur la génération des coniques ; théorèmes de Pappus, Newton, Maclaurin, Chasles, Desargues, etc.

c. Hexagone de Pascal ; expressions diverses de la propriété de six points situés sur une conique ; théorèmes de Steiner, Kirkman, etc. α. Hexagone de Brianchon.

d. Propriétés relatives aux faisceaux homographiques ou involutifs ayant leurs sommets sur une conique ; divisions homographiques sur une conique ; rapport anharmonique de quatre points. Théorème de Frégier.

e. Transformation homographique d'une conique en une autre ; méthode des projections (*ref*. **P 1 b**).

f. Représentation des formes binaires sur une conique.

2. Pôles et polaires.

a. Théorie générale des pôles et polaires ; points et droites conjugués. Principe de la méthode des polaires réciproques (*voir* pour la corrélation P2).

b. Triangles autopolaires par rapport à une conique.

c. Propriétés diverses relatives à la théorie des pôles et polaires.

3. Centres, diamètres, axes et asymptotes.

a. Généralités sur la recherche analytique du centre, des diamètres des axes et des asymptotes d'une conique.

b. Théorèmes d'Apollonius ; propriétés diverses des couples de diamètres conjugués ; construction des axes d'une conique dont on connaît deux diamètres conjugués.

c. Autres propriétés relatives aux diamètres ; cordes supplémentaires.

d. Propriétés relatives aux asymptotes.

4. Tangentes.

a. Théorèmes et problèmes divers relatifs aux tangentes ; α. au couple de tangentes issues d'un point ou parallèles.

b. Tangentes faisant un angle donné ; α. Cas de l'angle droit ; cercle orthoptique.

c. Tangentes satisfaisant à une condition donnée ; lieux et théorèmes divers.

5. Normales.

a. Théorèmes et problèmes divers relatifs aux normales.

b. Normales issues d'un point ; propriétés des pieds de ces normales et des tangentes en ces points.

c. Propriétés relatives aux longueurs des normales issues d'un point.

d. Lieux divers relatifs aux points d'où l'on peut mener à une conique des normales satisfaisant à des conditions données.

e. Développées (*voir* M¹6bγ).

6. Courbure.

a. Constructions diverses du rayon et du centre de courbure.

b. Propriétés diverses relatives aux rayons de courbure et aux courbes osculatrices.

c. Cercles osculateurs en des points particuliers.

7. Foyers et directrices.

a. Définitions et déterminations diverses des foyers.

b. Propriétés angulaires diverses relatives aux tangentes ou sécantes et aux foyers ou directrices.

c. Propriétés relatives aux longueurs.

d. Autres propriétés des foyers et directrices.

8. Coniques dégénérées.

a. Couple de droites ou de points.

b. Représentation des imaginaires de Staudt (*voir* **B12** et **K6c**).

9. Aires et arcs des coniques.

a. Propriétés relatives à une aire limitée totalement ou partiellement par un arc de conique.

b. Théorèmes de Graves et de Chasles; théorème de Fagnano.

c. Démonstrations de ces théorèmes par les fonctions elliptiques.

d. Propriétés diverses relatives aux arcs de coniques.

10. Propriétés spéciales de la parabole.

a. Propriétés relatives aux points et aux tangentes.

b. Propriétés relatives aux normales, aux rayons, aux centres de courbure et aux courbes osculatrices.

c. Propriétés relatives aux arcs; α. Aux aires.

d. Autres propriétés diverses.

11. Propriétés spéciales de l'hyperbole équilatère.

a. Propriétés relatives aux points, aux tangentes et aux asymptotes.

b. Propriétés relatives aux normales, aux rayons et aux centres de courbure.

c. Autres propriétés diverses.

12. Construction d'une conique déterminée par cinq conditions.

a. p points et $5 - p$ tangentes.
b. Trois points ou trois tangentes et le centre ou un foyer.
c. Autres cas.

13. Construction d'une parabole ou d'une hyperbole équilatère déterminée par quatre conditions.

a. Paraboles déterminées par des points, des tangentes ou le foyer.

b. Autres cas de construction des paraboles.

c. Hyperboles équilatères déterminées par des points ou des tangentes.

d. Autres cas de construction des hyperboles équilatères.

14. Polygones inscrits ou circonscrits à une conique.

a. Théorèmes généraux.
b. Cas des polygones semi-réguliers.

15. Lieux géométriques simples déduits d'une conique.

a. Podaires et podaires négatives.
b. Transformées par rayons vecteurs réciproques (*voir* **M¹6**$b\delta$, **d** et **f**).
c. Courbes parallèles.
d. Conchoïdes.
e. Caustiques et anticaustiques; α. Cas du cercle.
f. Autres lieux (*voir* aussi à la classe M).

16. Théorèmes et constructions divers.

a. Dans l'énoncé desquels ne figurent qu'une conique, des points et des droites.

b. Dans l'énoncé desquels figurent une conique, des points, des droites et un ou plusieurs cercles ; lignes conjointes.

17. Propriétés relatives à deux ou plusieurs coniques.

a. Points communs et tangentes communes à deux coniques ; propriétés relatives à ces points et tangentes ; triangle autopolaire commun.

b. Polaire réciproque d'une conique par rapport à une autre conique ; cas particuliers.

c. Coniques harmoniquement inscrites ou circonscrites l'une à l'autre.

d. Théorèmes de Poncelet sur les polygones inscrits à une conique et circonscrits à une autre (*ref.* F **8f**β, K **11c** et L¹ **19c**).

e. Autres propriétés de deux ou plusieurs coniques.

18. Faisceaux ponctuels et tangentiels.

a. Invariants et covariants d'un faisceau ; signification géométrique.

b. Théorèmes généraux relatifs aux coniques d'un faisceau ; théorème de Desargues, etc. ; triangle autopolaire commun.

c. Lieux divers : des centres, des foyers, des sommets, … ; enveloppes diverses : des axes, des directrices, des asymptotes, ….

d. Propriétés spéciales de certains faisceaux ; α. Faisceaux contenant un cercle ; β. Faisceaux d'hyperboles équilatères ; γ. Faisceaux tangentiels de paraboles ; δ. Faisceaux de coniques bitangentes.

f. Coniques homothétiques.

19. Coniques homofocales.

a. Généralités ; propriétés relatives aux tangentes.

b. Propriétés relatives aux normales.

c. Polygones d'un nombre de côtés donné et de périmètre

maximum inscrits dans une conique; polygones circonscrits de périmètre minimum (*ref.* F 8fβ et L'**17 d**).

d. Propriétés diverses.

20. Réseaux ponctuels et tangentiels.

a. Invariants et covariants d'un réseau.

b. Jacobienne, Cayleyenne.

c. Propriétés diverses; α. Réseaux remarquables.

21. Systèmes ponctuels et tangentiels linéaires, dépendant de plus de deux paramètres.

a. Systèmes $\alpha_1 C_1 + \alpha_2 C_2 + \alpha_3 C_3 + \alpha_4 C_4 = o$; α. Système de coniques ayant un foyer commun; β. Autres systèmes remarquables.

b. Systèmes $\alpha_1 C_1 + \alpha_2 C_2 + \alpha_3 C_3 + \alpha_4 C_4 + \alpha_5 C_5 = o$; α. Systèmes doubles de coniques harmoniquement inscrites et circonscrites les unes aux autres; β. Autres systèmes remarquables. (*Pour la théorie des invariants et covariants des systèmes linéaires de coniques, cf.* B**10d**. *Pour les systèmes non linéaires, voir* N¹**1b** et **c**).

L². — QUADRIQUES.

1. Généralités.

a. Définitions et équations diverses; expressions diverses de la propriété de dix points situés sur une quadrique; classification.

b. Divers modes de génération.

c. Transformation homographique d'une quadrique en une autre (*ref.* P**1c**).

2. Cônes du second ordre et autres quadriques spéciales.

a. Cônes réciproques ou supplémentaires; plans et droites polaires.

b. Droites focales et sections circulaires; propriétés diverses.

c. Sections planes; lieux divers relatifs à ces sections.

d. Autres propriétés d'un cône, dans l'énoncé desquelles ne figurent que des points, droites et plans.

e. Cône de révolution. Théorème de Dandelin.

f. Cônes particuliers : équilatères, orthogonaux, etc.

g. Coniques sphériques (*voir* M³**6e**).

h. Conique considérée comme forme dégénérée d'une quadrique.

i. Cylindres du second ordre.

j. Couples de plans ou de points.

3. Pôles et polaires.

a. Théorie générale ; points, plans et droites conjugués. Principe de la méthode des polaires réciproques (pour la corrélation dans l'espace, *voir* P**2**).

b. Tétraèdres autopolaires par rapport à une quadrique.

c. Propriétés diverses relatives aux pôles et polaires.

d. Systèmes polaires de l'espace (*ref.* P**2a**).

4. Centres, diamètres, axes, plans diamétraux et principaux, cônes asymptotes.

a. Théories générales ; équation dont dépend la recherche des axes ; longueurs des axes, etc.

b. Théorèmes analogues à ceux d'Apollonius ; propriétés diverses des systèmes de diamètres conjugués.

c. Autres propriétés relatives aux diamètres.

d. Propriétés relatives aux cônes asymptotes.

5. Sections planes.

a. Détermination des sections planes d'une nature donnée ; complexe des axes des sections planes (*ref.* N¹**1h**α) ; sections circulaires ; ombilics.

b. Sections centrales ; axes ; foyers ; lieux divers correspondants.

c. Sections quelconques ; axes ; foyers ; lieux divers de points ou droites remarquables dans des sections faites par un système de plans.

6. Plans tangents et cônes circonscrits.

a. Théorèmes et problèmes divers relatifs aux plans tangents.

b. Cônes circonscrits; lieux des sommets des cônes circonscrits d'une nature donnée; α. Sphère ou plan de Monge.

c. Axes et focales d'un cône circonscrit; lieux divers.

d. Plans tangents menés par une droite et satisfaisant à une condition donnée; complexes correspondants; α. Cas de l'angle droit (*voir* N¹ **1**).

7. Génératrices rectilignes.

a. Généralités; recherche des génératrices rectilignes; propriétés diverses.

b. Lieux des points d'une quadrique où les génératrices satisfont à une condition donnée.

c. Lignes de striction.

d. Surface gauche de révolution.

8. Normales.

a. Propriétés générales de la congruence des normales à une quadrique (*ref.* N² **1 f** α).

b. Normales issues d'un point; propriétés des pieds de ces normales.

c. Systèmes divers de normales; α. Normales situées dans un plan; β. Normales rencontrant une droite; γ. Normalie ayant pour directrice une conique de la surface; δ. une autre courbe de degré supérieur à deux.

d. Théorèmes et problèmes divers.

9. Focales.

a. Généralités; propriétés des focales d'une quadrique et des foyers des sections principales.

b. Généralisations diverses du théorème sur la somme ou la différence des distances focales d'un point d'une conique.

10. Quadriques homofocales.

a. Généralités; cônes circonscrits à partir d'un même point; plans tangents menés par une droite; lieu des pôles d'un plan.

b. Normales et génératrices rectilignes.

c. Sections planes d'un système homofocal; lieux, congruences et complexes divers relatifs à ces sections.

d. Points correspondants; théorème d'Ivory.

e. Propriétés relatives aux focales d'une conique situées sur une quadrique; d'une quadrique inscrite dans une quadrique.

f. Polygones d'un nombre de côtés donné et de périmètre maximum inscrits dans une quadrique; polygones circonscrits de périmètre minimum.

g. Autres propriétés relatives à un système de quadriques homofocales.

11. Courbure et lignes de courbure.

a. Détermination en un point d'une quadrique des axes de l'indicatrice et des rayons de courbure principaux.

b. Propriétés diverses relatives aux rayons de courbure et aux surfaces osculatrices.

c. Lignes de courbure; déterminations et générations diverses.

d. Théorèmes divers relatifs aux lignes de courbure.

e. Surface des centres de courbure (*voir* M^2 **5 d** β).

f. Lignes de courbure dans la géométrie de M. Cayley.

12. Lignes géodésiques.

a. Équation différentielle; formes diverses de cette équation; propriété fondamentale.

b. Propriétés métriques relatives aux ombilics et aux lignes de courbure.

c. Propriétés diverses.

13. Lignes tracées sur les surfaces du second ordre.

a. Propriétés générales.

b. Lignes particulières autres que les lignes de courbure, les lignes géodésiques et les lignes de striction.

c. Lignes particulières tracées sur les cônes; α. Sur les cylindres (pour l'hélice, *voir* M^4 **g**).

14. Théorèmes divers relatifs à une quadrique.

a. Dans l'énoncé desquels ne figurent que des plans, droites et points; α. Généralisations des théorèmes de Pascal et Brianchon.

b. Dans l'énoncé desquels figurent des plans, droites, points et sphères.

15. Construction d'une quadrique déterminée par neuf conditions.

a. Neuf points ou neuf plans tangents.

b. Neuf couples de points ou de plans conjugués.

c. Autres cas.

16. Lieux géométriques simples déduits d'une quadrique.

a. Podaires et podaires négatives.

b. Transformées par inversion (*voir* M²**4f**, **g** et **i**).

c. Surfaces parallèles.

d. Conchoïdes.

e. Caustiques et anticaustiques; α. Cas de la sphère.

f. Autres lieux (*voir* aussi à la classe M.)

17. Système de deux quadriques; faisceaux ponctuels et tangentiels.

a. Courbe commune à deux quadriques (*voir* M³**6b**).

b. Développable circonscrite à deux quadriques (*voir* M²**7c**α).

c. Polaire réciproque d'une quadrique par rapport à une autre quadrique; cas particuliers.

d. Théorèmes et problèmes divers relatifs à un système de deux quadriques; tétraèdre autopolaire commun; complexe des droites dont les deux polaires se coupent.

e. Quadriques harmoniquement inscrites et circonscrites l'une à l'autre; quadriques harmoniquement associées; α. Autres cas spéciaux.

f. Invariants et covariants d'un faisceau ponctuel ou tangentiel; complexe des droites divisées harmoniquement par deux quadriques.

g. Théorèmes généraux relatifs aux quadriques d'un faisceau; propriétés projectives et métriques diverses; cônes d'un faisceau ponctuel; coniques d'un faisceau tangentiel.

h. Lieux, enveloppes, congruences et complexes divers relatifs aux quadriques d'un faisceau; lieu des centres, des focales, des sommets, des axes; enveloppe des plans principaux; congruence formée par les génératrices, etc. (*voir* aussi classes M et N).

i. Faisceaux particuliers; α. Faisceaux de quadriques se touchant une ou deux fois; β. Quadriques passant par quatre droites; γ. Quadriques circonscrites l'une à l'autre le long d'une conique; δ. Faisceaux contenant une sphère.

j. Quadriques homothétiques.

18. Système de trois quadriques; réseaux ponctuels et tangentiels.

a. Points et plans tangents communs à trois quadriques; construction du huitième point commun aux quadriques passant par sept points donnés.

b. Propriétés et problèmes divers relatifs à un système de trois quadriques; généralisations des théorèmes de Poncelet.

c. Invariants et covariants d'un réseau ponctuel ou tangentiel; signification géométrique.

d. Points conjugués par rapport à un réseau ponctuel; courbe jacobienne d'un réseau ponctuel; lieu des sommets des cônes passant par sept points; α. Enveloppe de ces cônes.

e. Théorèmes généraux relatifs aux quadriques d'un réseau et aux biquadratiques communes à deux d'entre elles; α. Propriétés et lieux divers relatifs aux biquadratiques remarquables.

f. Connexion entre la théorie des réseaux et celle des 28 tangentes doubles d'une quartique plane.

g. Lieux, enveloppes, congruences et complexes divers relatifs aux quadriques d'un réseau. Lieu des centres, des sommets. Congruence des axes. Complexe formé par les génératrices (*voir* aussi classes M et N).

19. Systèmes linéaires de quadriques.

a. A trois paramètres. Lieu du sommet des cônes du système; α. Quadriques passant par six points.

b. A quatre paramètres.

c. A plus de quatre paramètres. (*Pour la théorie des invariants* *et covariants des systèmes linéaires de quadriques, cf.* **B10e**.)

d. Systèmes doubles de quadriques harmoniquement inscrites ou circonscrites les unes aux autres. (*Pour les systèmes non li-néaires, voir* N⁴**1d**).

20. Aires et volumes des quadriques.

a. Aires.
b. Volumes.

21. Propriétés spéciales de certaines quadriques.

a. Paraboloïdes; systèmes divers de paraboloïdes.
b. Hyperboloïdes équilatères et orthogonaux; systèmes **divers**.
c. Quadriques de révolution. Systèmes divers.
d. Autres quadriques particulières.

CLASSE M.

Courbes et surfaces algébriques; courbes et surfaces transcendantes spéciales

M¹. — Courbes planes algébriques.

1. Propriétés projectives générales.

a. Détermination d'une courbe par points ou tangentes; généra-tions; propriétés des systèmes de points (ou tangentes) com-muns à deux courbes; α. Équation des courbes passant par les points communs à deux autres.

b. Points et tangentes multiples; détermination de la classe et du genre d'une courbe; ordre et classe d'un point multiple. For-mules de Plucker; α. Relations de position entre les points mul-tiples d'une même courbe; β. Relations analytiques entre les nombres des points et des tangentes multiples réels.

c. Théorie générale des pôles et polaires; hessienne, steiné-rienne, cayleyenne; α. Points d'inflexion.

d. Faisceaux ponctuels et tangentiels; α. Courbes engendrées par les points communs aux courbes correspondantes de deux faisceaux projectifs; β. Cas où les deux faisceaux ne sont pas projectifs.

e. Réseaux ponctuels et tangentiels; jacobienne.

f. Systèmes linéaires de courbes algébriques; réduction. (*Pour les systèmes non linéaires, voir* N⁴ **1e**).

g. Application de la théorie des formes à l'étude des courbes de degré supérieur au quatrième (*ref.* B**8c**).

h. Étude des courbes au point de vue de la forme et de la réalité.

i. Propriétés projectives diverses.

2. Géométrie sur une ligne.

a. Géométrie sur une droite; principe de correspondance de Chasles; coïncidences multiples; α. Involutions générales d'ordre quelconque; involutions particulières d'ordre supérieur au second; β. Groupes de points sur une droite (*ref.* P**1a**).

b. Transformations birationnelles d'une courbe en une autre; conservation du genre; modules, courbes normales (*ref.* G**1d**; *voir* M¹ **2h**).

c. Intersection d'une courbe avec les courbes adjointes; systèmes de points; α. Systèmes spéciaux, théorème de Roch et Riemann; β. Courbes de contact adjointes.

d. Intersection avec une courbe quelconque; courbes de contact.

e. Principe de correspondance; ses applications à la Géométrie sur une courbe; coïncidences; principe de correspondance étendu (*ref.* N⁴ **2a**).

f. Recherche des points d'une courbe qui satisfont à une équation différentielle.

g. Autres propriétés et problèmes relatifs à la Géométrie sur une courbe.

h. Correspondance entre deux courbes (*cf.* M¹ **2b**).

3. Propriétés métriques.

a. Théorèmes généraux relatifs aux arcs des courbes algébriques et à leurs centres de gravité.

b. Théorèmes et problèmes relatifs aux aires.

c. Théorèmes et problèmes relatifs aux directions.

d. Théorèmes et problèmes relatifs aux longueurs; α. Théorie des transversales; théorèmes de Newton et de Carnot; **conséquences**.

e. Théorèmes sur les centres des moyennes distances de certains systèmes de points en relation avec une courbe; sur les centres harmoniques. Théorèmes corrélatifs sur les polaires d'un **point** par rapport à certains systèmes de droites. Centre d'une courbe considéré comme le pôle de la droite de l'infini.

f. Diamètres et courbes diamétrales.

g. Foyers; droites conjointes d'un point par rapport à une courbe.

h. Asymptotes et courbes asymptotes.

i. Questions diverses relatives aux normales; normales communes à deux courbes; α. Développées; Développantes et courbes analogues; β. Propriétés relatives au cercle osculateur et au rayon de courbure; γ. Coniques et courbes surosculatrices en un point; δ. Polaires inclinées.

j. Courbes simples déduites d'une courbe algébrique, étudiées au point de vue algébrique; généralités et exemples; α. Podaires et podaires négatives; β. Courbes parallèles; γ. Courbes définies par une propriété des tangentes qu'on peut mener d'un de leurs points à une ou à plusieurs courbes algébriques; δ. Conchoïdes; ε. Caustiques et anticaustiques.

k. Propriétés métriques diverses; points, droites, directions remarquables par rapport à une courbe algébrique.

4. Courbes au point de vue du genre.

a. Courbes rationnelles, générations diverses; α. Courbes d'ordre m à point multiple d'ordre $m - 1$.

b. Courbes de genre un (*cf.* F 8 **g**).

c. Courbes de genre deux.

d. Courbes hyperelliptiques.

e. Autres courbes sur lesquelles existent des groupes remarquables de points.

f. Courbes dont les coordonnées s'expriment à l'aide de fonctions diverses.

4

5. Courbes du troisième ordre ou de la troisième classe.

a. Courbes rationnelles; généralités; construction; génération; classification. Polygones inscrits et circonscrits.

b. Hypocycloïde à trois rebroussements (*voir* M¹ **8 a**).

c. Courbes particulières rationnelles du troisième ordre; α. Strophoïdes, focale à nœud; β. Cissoïde.

d. Courbes du troisième ordre ou de la troisième classe de genre un. Généralités. Génération, classification; α. Par les asymptotes; β. Par les foyers et autres modes.

e. Intersection d'une cubique et d'une courbe algébrique; propriétés des systèmes de points en ligne droite ou sur une conique; α. Points d'inflexion (*ref*. A**4d**); β. Points sextactiques; γ. Autres points remarquables; δ. Polygones inscrits et circonscrits.

f. Systèmes de coniques tritangentes; α. Coniques biosculatrices.

g. Pôles et polaires; hessienne, cayleyenne; α. Couples steinériens.

h. Autres théorèmes et problèmes généraux sur les courbes du troisième ordre ou de la troisième classe.

i. Faisceaux de courbes du troisième ordre ou de la troisième classe; α. Construction du neuvième point; β. Faisceaux à points d'inflexion communs; γ. Réseaux de courbes du troisième ordre ou de la troisième classe.

j. Invariants et covariants (*ref*. B**8a**).

k. Courbes particulières du troisième ordre ou de la troisième classe; α. Cubiques circulaires; β. Focales.

6. Courbes du quatrième ordre ou de la quatrième classe.

a. Courbes rationnelles; généralités.

b. Courbes particulières; α. Lemniscate; β. Courbes dont toutes les tangentes aux points doubles sont d'inflexion; γ. Développées des coniques (*cf*. L¹ **5e**); γ. Quartiques bicirculaires rationnelles.

c. Courbes de genre un; généralités; propriétés ne rentrant pas dans un des groupes suivants.

d. Quartiques bicirculaires considérées comme anallagmatiques; tangentes doubles; déférentes; cercles directeurs; foyers;

quartiques homofocales; α. Quartiques binodales considérées au même point de vue.

e. Coniques inscrites; systèmes de points conjugués; α. **Couples steinériens.**

f. Spiriques (quartiques bicirculaires à un axe de symétrie); divers modes de génération; propriétés; α. **Spiriques à deux axes de symétrie.**

g. Cartésiennes (quartiques bicirculaires ayant un rebroussement en chaque point cyclique).

h. Limaçon de Pascal; α. Cardioïde.

i. Cassiniennes.

j. Autres quartiques bicirculaires particulières.

k. Courbes du quatrième ordre ou de la quatrième classe de genre deux; α. Tangentes doubles.

l. Courbes générales du quatrième ordre ou de la quatrième classe; α. Tangentes doubles; β. Invariants et covariants des quartiques (*ref.* B**8b**).

7. Courbes de degré et de classe supérieurs à quatre.

a. Courbes du cinquième degré ou de la cinquième classe.

b. Courbes du sixième degré ou de la sixième classe.

c. Courbes de degré et de classe supérieurs à six.

8. Catégories spéciales de courbes; courbes remarquables.

a. Épicycloïdes et hypocycloïdes algébriques, ordinaires, allongées ou raccourcies (*cf.* M¹**5b**); α. Hypocycloïde à quatre rebroussements.

b. Courbes de direction.

c. Courbes isotropiques (n'ayant pas d'autres points à l'infini que les points cycliques).

d. Courbes $\rho^m = a^m \cos m\theta$.

e. Courbes $\left(\dfrac{x}{z}\right)^a \left(\dfrac{y}{z}\right)^b = k$ et $\left(\dfrac{x}{z}\right)^a + \left(\dfrac{y}{z}\right)^b = k$.

f. Courbes telles que le produit des distances de l'un de leurs points à deux séries de pôles fixes soient dans un rapport donné; trajectoires orthogonales de ces courbes; cas particuliers; α. Cassinoïdes et stelloïdes.

g. Courbes et catégories de courbes algébriques diverses.

M². — Surfaces algébriques.

1. Propriétés projectives.

a. Détermination d'une surface par points, ordre, classe, rang d'une surface; générations; théorèmes sur les points communs à trois surfaces; α. théorèmes sur la courbe commune à deux surfaces; genre, points doubles apparents; développable circonscrite à deux surfaces; β. Équation des surfaces passant par les points communs à deux autres.

b. Points et lignes multiples; genre; plans tangents et tangentes singulières.

c. Théorie des pôles et polaires; surfaces nodales conjuguées; α. Points paraboliques.

d. Lignes algébriques qu'on peut tracer sur une surface; α. Surfaces algébriques sur lesquelles on peut tracer certaines lignes ou systèmes de lignes algébriques données *a priori*.

e. Faisceaux, réseaux et systèmes linéaires trois fois infinis de surfaces; courbes et surfaces jacobiennes.

f. Systèmes linéaires de surfaces, en général. (Pour les **systèmes** non linéaires, *voir* N⁴ **1 e.**)

g. Principe de correspondance dans le plan et sur les **surfaces** (*ref.* N⁴ **2 a**).

h. Autres propriétés projectives.

2. Propriétés métriques.

a. Propriétés relatives aux aires des surfaces.

b. Propriétés relatives aux volumes.

c. Propriétés relatives aux directions.

d. Propriétés relatives aux longueurs; α. Théorie des transversales.

e. Théorèmes sur les centres des moyennes distances de certains systèmes de points en relation avec une surface; sur les centres harmoniques; propriétés corrélatives sur les plans ou droites polaires d'un point ou d'une droite par rapport à certains systèmes de plans; centre d'une surface considéré comme le pôle du plan de l'infini.

f. Diamètres; plans, courbes, surfaces diamétrales.

g. Focales.

h. Questions diverses relatives aux normales; normales communes à deux surfaces; α. Lieu des centres de courbure principaux; β. Propriétés relatives aux rayons de courbure principaux et à la courbure. γ. Polaires inclinées.

i. Surfaces simples déduites d'une surface algébrique, étudiées au point de vue algébrique; généralités et exemples; α. Podaires. Podaires négatives; β. Surfaces parallèles; γ. Conchoïdes; δ. Caustiques et anticaustiques.

j. Recherche et étude des courbes algébriques, d'une nature spéciale au point de vue métrique, qu'on peut tracer sur une surface; sections sphériques.

k. Autres propriétés métriques non désignées; plans, points et droites remarquables par rapport à une surface.

3. Surfaces du troisième ordre.

a. Surfaces réglées; généralités; générations et constructions diverses; α. Surfaces particulières; surface de Cayley.

b. Surfaces générales de troisième ordre; généralités; générations et constructions diverses; représentation sur un plan.

c. Théorie des pôles et polaires; hessienne; points conjugués de la hessienne; hexaèdres autoconjugués; pentaèdre.

d. Les vingt-sept droites (*ref.* A**4d**); α. Classification des surfaces d'après la réalité des vingt-sept droites.

e. Les vingt-sept systèmes de coniques; α. Cubiques gauches et biquadratiques; β. Autres courbes algébriques tracées sur la surface.

f. Autres propriétés des surfaces cubiques.

g. Invariants et covariants; décomposition de l'équation générale en une somme de cinq cubes (*ref.* B**9a**).

h. Surfaces particulières du troisième ordre; α. Surface diagonale; β. Surfaces à points doubles.

4. Surfaces du quatrième ordre.

a. Surfaces du quatrième ordre avec une droite triple.

b. Surfaces réglées du quatrième ordre à cubique double;

α. Cas où la cubique dégénère en une conique et une droite ;
β. En trois droites.

  c. Surfaces réglées du quatrième ordre à deux droites doubles.

  d. Surface de Steiner (*cf.* M²**5b**).

  e. Surfaces du quatrième degré à conique double ; généralités ; les seize droites ; représentation sur un plan (*ref.* M²**9d**β) ; α. Cas où la conique double est cuspidale ; β. Cas où elle se décompose en deux droites ; γ. Surfaces à points doubles.

  f. Les cyclides considérées comme anallagmatiques ; déférentes, sphères directrices ; sections circulaires ; focales ; cyclides homofocales ; lignes de courbure.

  g. Quadriques inscrites dans une cyclide ; systèmes de points conjugués ; sections planes et sphériques ; Cyclides inscrites, etc.

  h. Propriétés des normales, et autres propriétés générales des cyclides (*ref.* N¹**2d**).

  i. Cyclides particulières : α. Cartésiennes ; β. Cyclide à deux points doubles ; γ. Cyclide de Dupin ; δ. Tore.

  j. Surfaces du quatrième ordre avec une droite double.

  k. Surface de Kummer à seize points singuliers.

  l. Surface des ondes et tétraédroïde de Cayley.

  m. Surfaces du quatrième ordre ayant de un à quinze points singuliers.

  n. Surface générale du quatrième ordre ; invariants et covariants (*ref.* B**9b**) ; α. Surface sans point multiple, possédant une ou plusieurs droites.

5. Surfaces de troisième et de quatrième classe.

  a. Surfaces de troisième classe ; généralités.

  b. Surfaces particulières (pour la surface de Steiner, *voir* M²**4d**).

  c. Surfaces de quatrième classe ; généralités.

  d. Surfaces particulières ; α. Surface de quatrième classe doublement inscrite dans un cône du second ordre, et sur laquelle le cercle de l'infini est une ligne double ; β. Surface des centres de courbure d'une quadrique (*cf.* L²**11e**).

6. Surface des cinquième et sixième ordres.

  a. Surface réglée du cinquième ordre.

b. Surface générale du cinquième ordre; α. Surfaces particulières à courbes multiples.

c. Surface générale du sixième ordre; α. Surfaces particulières.

7. Surfaces réglées.

a. Surfaces réglées algébriques; propriétés générales; ordre de la surface engendrée par une droite rencontrant trois directrices; par les sécantes triples d'une courbe (*voir* M³ **1 b**); géométrie sur une surface réglée.

b. Surfaces réglées particulières (*ref.* M² **3 a, 4 a, 4 b, 4 c, 6 a**); α. Quadricuspidale et quadrispinale; β. Surface qui a pour directrice trois coniques; γ. Divers conoïdes; δ. Surfaces rationnelles et elliptiques.

c. Surfaces développables algébriques; α. Développable circonscrite à deux quadriques (*cf.* L² **17 b**); β. Développable osculatrice de la cubique gauche (*cf.* M³ **5 c**).

d. Cônes algébriques; propriétés générales projectives et métriques; focales; α. Cylindres algébriques.

8. Surfaces au point de vue de la représentation et des transformations birationnelles (*ref.* G **2**).

a. Surfaces rationnelles; généralités.

b. Surfaces rationnelles particulières non comprises dans les groupes **3, 4, 5, 6.**

c. Surfaces dont toutes les sections planes sont d'un genre donné; α. de genre zéro; β. de genre un.

d. Surfaces dont les coordonnées d'un point quelconque s'expriment à l'aide de fonctions Θ de deux paramètres; cas particuliers.

e. Autres classes de surfaces dont on peut exprimer les coordonnées d'un point quelconque en fonction remarquable de deux paramètres; α. Cas des fonctions hyperfuchsiennes (*voir* G **6 b**).

f. Transformation birationnelle d'une surface en une autre; conservation des deux nombres de genre; modules; surfaces normales.

g. Intersection d'une surface avec les surfaces adjointes.

9. Catégories spéciales de surfaces; surfaces remarquables.

a. Surfaces de direction.

b. Surfaces isotropiques (ne coupant le plan de l'infini que suivant le cercle commun à toutes les sphères).

c. Surfaces $\left(\dfrac{x}{t}\right)^a \left(\dfrac{y}{t}\right)^b \left(\dfrac{z}{t}\right)^c = k$ et $\left(\dfrac{x}{t}\right)^a + \left(\dfrac{y}{t}\right)^b + \left(\dfrac{z}{t}\right)^c = k$.

d. Surfaces algébriques engendrées par des coniques; α. Cas des cercles; β. Surface engendrée par la révolution d'une conique.

e. Surfaces particulières non désignées; surfaces minima algébriques (*voir* **O6h**).

M³. — Courbes gauches algébriques.

1. Propriétés projectives.

a. Ordre, rang, classe; tangentes et plans osculateurs; ordre et classe de la développable formée par les tangentes; plans stationnaires; points multiples; formules de Plucker, Cayley, Cremona.

b. Sécantes doubles, triples et quadruples; points doubles apparents; plans bitangents et tritangents (*cf* M² **7a**).

c. Pôles et polaires par rapport à une courbe gauche.

d. Géométrie sur une courbe gauche; systèmes de points; surfaces adjointes, etc.

e. Autres propriétés projectives.

2. Propriétés métriques.

a. Propriétés relatives aux arcs et aux aires.

b. Propriétés relatives aux directions et aux longueurs.

c. Théorèmes sur les centres des moyennes distances et les centres harmoniques; théorèmes corrélatifs.

d. Normales; binormales; cercle osculateur; sphère osculatrice; hélice osculatrice; α. Développées et développantes; β. Surface polaire.

e. Autres propriétés métriques.

3. Classification des courbes d'un degré donné.

Généralités; courbes particulières.

4. Courbes au point de vue du genre.

a. Courbes du genre o.

b. Courbes du genre 1 (*cf.* F **8 g**).

c. Courbes du genre 2; α. Courbes hyperelliptiques.

5. Cubiques gauches.

a. Définitions; générations; classification; généralités; **transformation** homographique d'une cubique gauche en une **autre**; construction de cubiques définies par douze conditions.

b. Sécantes doubles et axes; rapport anharmonique de quatre points.

c. Quadriques passant par la cubique ou inscrites à sa développable; α. Coniques de la développable (*voir* M² **7 c** β); β. Quadriques de révolution contenant la cubique; γ. Cônes et cylindres.

d. Points ou plans conjugués.

e. Pôles et polaires (*ref.* N¹ **1 b** et **k**); diamètres et axe principal.

f. Droites focales; points focaux; points orthogonaux; surface orthogonale.

g. Théorèmes relatifs à 7, 8 ou 9 points d'une cubique.

h. Cubiques spéciales; α. paraboliques; β. hyperboliques équilatères.

i. Relations entre deux ou plusieurs cubiques. Sécantes doubles et axes communs.

j. Faisceaux, réseaux et autres systèmes de cubiques gauches.

6. Autres courbes.

a. Quartique gauche unicursale.

b. Quartique gauche de genre 1 (biquadratique); généralités; points conjugués; couples steinériens (*cf.* L² **17 a**); α. Biquadratiques particulières.

c. Propriétés spéciales de la cyclique gauche (courbe commune à une sphère et à une quadrique).

d. Cycliques particulières; α. Cartésiennes; β. Cassiniennes.

e. Coniques sphériques (*cf.* L²**2g**).
f. Courbes du cinquième degré.
g. Courbes du sixième degré.
h. Courbes algébriques sphériques. Classification.
i. Autres courbes gauches algébriques remarquables.

M⁴. — COURBES ET SURFACES TRANSCENDANTES.

a. Cycloïde; α. Épicycloïdes et hypocycloïdes.
b. Chaînette; α. Tractrice.
c. Développante de cercle; α. Spirale d'Archimède.
d. Spirale logarithmique.
e. Spirales diverses.
f. Quadratrices.
g. Hélice cylindrique.
h. Loxodromie sphérique.
i. Surface de vis à filet carré.
j. Surface de vis à filet triangulaire.
k. Hélicoïde développable.
l. Alysséide (caténoïde).
m. Autres courbes transcendantes particulières.
n. Autres surfaces transcendantes particulières.

CLASSE N.

Complexes et congruences; connexes; systèmes de courbes et de surfaces;
géométrie énumérative.

N¹. — COMPLEXES.

1. Complexes de droites.

a. Généralités sur les complexes de droites; singularités et surfaces singulières.
b. Complexes linéaires; modes de génération; espèces; pôles et plans polaires; axes; diamètres et axe principal; autres propriétés d'un complexe.

c. Complexes linéaires en involution. Faisceaux, réseaux, systèmes de complexes linéaires.

d. Complexes linéaires particuliers.

e. Complexes rectilignes du second degré; modes de génération; classification; droite polaire et congruence polaire d'une droite; diamètres; pôle d'un plan, centre.

f. Cônes et coniques d'un complexe rectiligne quadratique; cônes et coniques particuliers. Autres surfaces ou courbes des complexes.

g. Points, droites, plans singuliers du complexe quadratique. Surface des singularités.

h. Complexe tétraédral; modes de génération; propriétés; α. Complexes des axes de coniques situées sur une quadrique (*ref*. L²**5a**); β. Complexe des axes d'un complexe rectiligne linéaire.

i. Autres complexes rectilignes du second degré particuliers.

j. Complexes rectilignes de degré supérieur au second; α. Complexe des génératrices des quadriques d'un réseau (*ref*. L² **18g**); β. Complexe des droites coupant trois quadriques en six points en involution.

k. Courbes dont les tangentes appartiennent à un complexe; α. Cubiques gauches dont les tangentes appartiennent à un complexe linéaire.

2. Complexes de sphères.

a. Généralités; points et plans-sphères d'un complexe.

b. Complexes linéaires de sphères.

c. Complexes quadratiques; génération; propriétés générales; classification. Sphères conjuguées; polaire d'une sphère; polaires réciproques. Complexes linéaires tangents.

d. La cyclide lieu des points-sphères d'un complexe quadratique; enveloppe des plans du complexe. Faisceaux de sphères et cercles du complexe.

e. Complexes quadratiques particuliers; α. Complexes homocycliques ou de même cyclide; β. Complexes homofocaux.

f. Complexes de sphères d'ordre supérieur à deux; α. Sphères tangentes à une cyclide (*ref*. M²**4f**).

3. Complexes de courbes.

a. Complexes de coniques; α. Complexes linéaires; β. Complexes de cercles.
b. Complexes d'autres courbes.

4. Complexes de surfaces.

a. Complexes de quadriques; α. Complexes linéaires.
b. Complexes d'autres surfaces.

N². — Congruences.

1. Congruences de droites.

a. Généralités sur les congruences rectilignes; points et plans singuliers; surfaces focales et lignes directrices.
b. Familles de développables formées par les droites d'une congruence (*ref.* O**5k**, O**7b**).
c. Congruences du premier ordre et de la première classe; génération, classification; propriétés diverses; α. Congruences particulières.
d. Congruences du premier ordre et de la deuxième classe, ou du deuxième ordre et de la première classe; génération; propriétés.
e. Congruences du second ordre et de la deuxième classe; génération; propriétés. Surface focale; α. Congruences particulières à une ou deux droites doubles.
f. Congruences du second ordre, de classe supérieure à deux. Surfaces focales. Congruences de la deuxième classe; α. Normales d'une quadrique (*ref.* L²**8a**); β. Génératrices des quadriques d'un faisceau tangentiel.
g. Autres congruences rectilignes; α. Congruences particulières d'ordre et de classe supérieurs à deux.

2. Congruences de sphères.

a. Généralités; points-sphères et plans de la congruence; surface-enveloppe des sphères de la congruence.

b. Réseaux de sphères.

c. Congruence du second ordre; génération et propriétés. Cyclides enveloppes.

d. Autres congruences de sphères; α. Sphères bitangentes à une courbe gauche ou à une surface.

3. Congruences de courbes.

a. Congruences de coniques; α. de cercles.

b. Congruences de cubiques gauches.

c. Congruences d'autres courbes.

d. Conditions pour que toutes les courbes d'une congruence soient normales à une ou plusieurs surfaces; applications.

N³. — Connexes.

a. Connexes plans; généralités; connexes conjugués; coïncidences.

b. Connexes du premier ordre et de la première classe; α. Connexes particuliers.

c. Connexes du premier ordre et de la deuxième classe; du deuxième ordre et de la première classe.

d. Connexes du deuxième ordre et de la deuxième classe.

e. Autres connexes.

f. Connexes dans l'espace.

N⁴. — Systèmes non linéaires de courbes et de surfaces; Géométrie énumérative.

1. Systèmes de courbes et de surfaces.

a. Généralités sur la théorie des caractéristiques des systèmes de coniques et de quadriques.

b. Systèmes non linéaires de coniques dans le plan. α. Coniques doublement tangentes à deux coniques fixes. (Pour les systèmes linéaires, *voir* L¹ **21**.)

c. Systèmes de coniques dans l'espace.

d. Systèmes non linéaires de quadriques. (Pour les systèmes linéaires, *voir* L² **19**.)

e. Systèmes non linéaires de courbes planes ou gauches et de surfaces d'ordre supérieur au second. (Pour les systèmes linéaires, *voir* M¹1f, M²1f, M³5j.)

f. Systèmes de courbes à deux caractéristiques, définis par une équation différentielle du premier ordre algébrique.

g. Systèmes de surfaces à deux caractéristiques (implexes) définis par une équation aux dérivées partielles du premier ordre algébrique.

h. Systèmes de surfaces à trois caractéristiques, définis par un système de deux équations aux dérivées partielles du premier ordre algébriques.

2. Géométrie énumérative.

a. Formules d'incidence et de coïncidence; principes de correspondance (*ref.* M¹2a et e, M²1g).

b. Formules donnant le degré du lieu d'un point ou la classe de l'enveloppe d'une droite, appartenant à une figure variable dans un plan.

c. Recherches sur le degré de la courbe décrite par un point, ou la classe de la développable enveloppe d'un plan, dans le mouvement d'une figure variable dans l'espace.

d. Recherches sur le degré de la surface lieu d'un point, ou la classe de la surface enveloppe d'un plan, appartenant à une figure variable dans l'espace.

e. Recherches sur l'ordre d'un complexe engendré par une droite se déplaçant suivant une loi connue ou le degré d'une surface réglée.

f. Recherches sur l'ordre ou la classe d'une congruence engendrée par une droite se déplaçant suivant une loi connue.

g. Recherches sur le nombre des droites de l'espace satisfaisant à quatre conditions données.

h. Recherches sur le nombre des coniques d'un plan satisfaisant à cinq conditions données.

i. Recherches sur le nombre des coniques dans l'espace satisfaisant à huit conditions données.

j. Recherches sur le nombre des quadriques satisfaisant à neuf conditions données.

k. Recherches sur le nombre des courbes ou surfaces d'ordre supérieur au second et d'une espèce donnée, satisfaisant à des conditions données; α. Cas des cubiques gauches.

1. Recherches sur le nombre des figures d'une espèce donnée satisfaisant à certaines conditions données; α. Cas où ce nombre est nul.

CLASSE O.

Géométrie infinitésimale et géométrie cinématique; applications géométriques du Calcul différentiel et du Calcul intégral à la théorie des courbes et des surfaces; quadrature et rectification; courbure; lignes asymptotiques, géodésiques, lignes de courbure; aires; volumes; surfaces minima; systèmes orthogonaux.

1. Géométrie infinitésimale.

Principes et généralités ; accroissements infiniment petits d'une longueur, d'un angle ; triangles et polygones infiniment petits ; maxima et minima, etc.

2. Courbes planes et sphériques.

a. Aires planes et sphériques; α. Courbes dont l'aire est une fonction donnée *a priori* d'un paramètre; β. Centres de gravité des aires.

b. Tangentes; normales; asymptotes.

c. Rectification des courbes planes et sphériques ; α. Courbes dont l'arc est une fonction rationnelle; β. circulaire; γ. elliptique d'un paramètre; δ. Courbes dont l'arc satisfait à une condition donnée.

d. Centres de gravité des arcs ; α. Centres de gravité de courbure.

e. Rayons et centres de courbure des courbes planes; α. Déviation de la courbure; parabole osculatrice.

f. Courbes enveloppes.

g. Développées des divers ordres des courbes planes; α. Développantes.

h. Courbure sphérique des courbes tracées sur la sphère; α. Développées sphériques ; β. Développantes; γ. Courbure géodésique intégrale des courbes sphériques.

i. Contacts de divers ordres des courbes planes; courbes osculatrices; α. Contacts des courbes sphériques.

j. Points d'inflexion; sens de la courbure; α. Sommets; points sextactiques et autres points remarquables.

k. Systèmes de courbes orthogonales sur le plan, généralités; α. Cas où l'une des familles de courbes se compose de cercles; β. Systèmes orthogonaux particuliers.

l. Systèmes orthogonaux sur la sphère; généralités; α. Systèmes particuliers.

m. Systèmes isothermes sur le plan; α. sur la sphère.

n. Coordonnées curvilignes; généralités; systèmes particuliers.

o. Trajectoires obliques d'une famille de courbes sur le plan; α. sur la sphère.

p. Roulettes sur le plan ; α. sur la sphère.

q. Courbes diverses qu'on peut déduire d'une ou de plusieurs courbes planes; α. Podaires et podaires négatives; β. Caustiques et anticaustiques; γ. Conchoïdes; δ. Courbes parallèles; ε. Développoïdes positives et négatives.

r. Courbes diverses qu'on peut déduire d'une ou de plusieurs courbes sphériques.

s. Invariants différentiels des courbes planes et sphériques.

3. Courbes gauches.

a. Tangentes; normales; plans normaux.

b. Plans osculateurs; binormales.

c. Rectification des courbes gauches; α. Courbes dont l'arc s'exprime par une fonction donnée d'un paramètre; β. Roulettes dans l'espace.

d. Rayons et centres de courbure; axes de courbure.

e. Torsion ; α. Indicatrice sphérique.

f. Développées d'une courbe gauche; surface polaire; α. Développantes.

g. Contacts de divers ordres d'une courbe gauche avec une courbe ou avec une surface; α. Sphère osculatrice; β. Hélice osculatrice.

h. Singularités diverses des courbes gauches; α. Points stationnaires.

i. Courbes dérivées d'une courbe gauche.

j. Courbes définies par une ou deux relations entre la courbure, la torsion et l'arc ; α. Cas d'une relation linéaire entre la courbure et la torsion ; β. Courbes à torsion constante.

k. Hélices sur les surfaces cylindriques (*voir* M¹ **g**).

l. Invariants différentiels des courbes gauches.

4. Surfaces réglées.

a. Surfaces cylindriques.

b. Surfaces coniques ; α. Trajectoires des génératrices sous un angle constant ; hélices coniques.

c. Surfaces développables ; α. Surfaces d'égale pente.

d. Surfaces réglées en général ; variation du plan tangent ; point central ; α. Paraboloïde des normales ; hyperboloïde osculateur ; β. Ligne de striction.

e. Lignes d'ombre ; sommets et génératrices singulières.

f. Lignes asymptotiques, lignes de courbure et autres lignes particulières.

g. Déformation des surfaces gauches ; α. Surfaces gauches applicables l'une sur l'autre.

h. Catégories spéciales de surfaces gauches ; α. à plan directeur ; β. Conoïdes ; γ. à deux directrices rectilignes.

5. Surfaces en général et lignes tracées sur une surface.

a. Volumes limités par des surfaces courbes ; α. Centres de gravité des volumes.

b. Aires des surfaces courbes ; α. Centres de gravité des aires.

c. Plans tangents et normales.

d. Indicatrice ; directions principales ; rayons de courbure principaux ; surfaces osculatrices.

e. Lignes tracées sur les surfaces ; généralités ; expression du ds^2 ; formules de M. Codazzi.

f. Courbure des lignes tracées sur une surface ; théorème de Meusnier ; théorèmes analogues ; α. Courbure et torsion géodésiques.

g. Normalies ; α. Surface lieu des centres de courbure principaux.

h. Lignes de courbure en coordonnées ponctuelles et tangentielles ; ombilics.

i. Surfaces dont les lignes de courbure satisfont à des conditions données *a priori;* α. Surfaces à lignes de courbure planes ou sphériques; β. Surfaces à lignes de courbure isothermes.

j. Lignes asymptotiques; α. Surfaces dont les lignes asymptotiques satisfont à des conditions données *a priori.*

k. Systèmes de lignes conjuguées tracées sur une surface (*ref.*N²**1b**); α. Surfaces sur lesquelles on peut tracer deux systèmes conjugués satisfaisant à des conditions données *a priori.*

l. Lignes géodésiques (*ref.* J**3**); familles de courbes parallèles; α. Recherche des surfaces dont les lignes géodésiques satisfont à des conditions données.

m. Représentation sphérique (*ref.*P**5c**); α. Recherche des surfaces admettant une représentation donnée pour leurs lignes de courbure.

n. Lignes particulières ou systèmes de lignes particuliers tracés sur une surface et non désignés plus haut.

o. Singularités diverses des surfaces; points remarquables.

p. Courbure totale d'une portion de surface; courbure en un point.

q. Invariants différentiels des surfaces.

6. Systèmes et familles de surfaces.

a. Hélicoïdes; α. Surfaces de révolution.

b. Surfaces moulures; surfaces spirales.

c. Surfaces enveloppes de sphères (*ref.* N²**2a**).

d. Surfaces engendrées par des coniques; α. Par des cercles.

e. Surfaces engendrées par d'autres courbes remarquables, de degré supérieur à deux.

f. Surfaces dont les rayons de courbure principaux en chaque point sont liés par une relation.

g. Surfaces à courbure moyenne ou totale constante.

h. Surfaces minima.

i. Contacts des divers ordres des surfaces; des courbes et des surfaces.

j. Surfaces enveloppes.

k. Déformation des surfaces; surfaces applicables les unes sur les autres.

l. Surfaces non comprises dans un des groupes précédents, et caractérisées par une forme spéciale du ds^2.

m. Surfaces isothermes.

n. Représentation géographique d'une surface sur une autre.

o. Courbes trajectoires orthogonales ou obliques d'une famille de surfaces; surfaces coupant orthogonalement ou sous un angle donné les surfaces d'une ou de deux familles.

p. Systèmes triples orthogonaux; α. Systèmes isothermes.

q. Coordonnées curvilignes de l'espace; α. Coordonnées elliptiques; β. Coordonnées pentasphériques.

r. Surfaces diverses qu'on peut déduire d'une surface donnée; α. Podaires et podaires négatives; β. Caustiques et anticaustiques; γ. Conchoïdes; δ. Surfaces parallèles.

s. Autres familles de surfaces.

7. Espace réglé et espace cerclé.

a. Propriétés des systèmes de rayons rectilignes au point de vue infinitésimal.

b. Optique géométrique; propriétés des faisceaux lumineux; théorèmes de Malus et Dupin (*cf.* T**3** et *ref.* N²**1b**).

c. Recherche des surfaces normales à un système de rayons lumineux.

d. Espace cerclé.

8. Géométrie cinématique.

a. Propriétés générales des trajectoires des points et des enveloppes des lignes d'une figure invariable mobile dans un plan (*cf.* R**1b**).

b. Trajectoires des points et enveloppes des lignes d'une figure invariable mobile sur une sphère.

c. Trajectoires des points et des lignes, et enveloppes des surfaces d'une figure invariable mobile dans l'espace, dont le déplacement dépend d'un seul paramètre (*cf.* R**1c**).

d. Trajectoires des points et enveloppes des surfaces d'une figure invariable mobile dans l'espace, dont le déplacement dépend de deux paramètres (*cf.* R**1c**).

e. Propriétés des trajectoires et des enveloppes dans le cas du mouvement des systèmes de grandeur variable ou déformables.

CLASSE P.

Transformations géométriques; homographie; homologie et affinité; corrélation et polaires réciproques; inversion; transformations birationnelles et autres.

1. Homographie, homologie et affinité.

a. Homographie à une dimension; homographie sur une droite; divisions homographiques sur deux droites; homographie des faisceaux de droites et de plans; constructions et propriétés diverses; divisions et faisceaux involutifs (*ref.* K 7, M¹ 2 a).

b. Homographie à deux dimensions; homographie des systèmes de points sur un plan et des systèmes de droites issues d'un point; courbes planes et cônes homographiques (*ref.* L¹ 1 e); méthode des projections; constructions et propriétés diverses; α. Homographies particulières.

c. Homographies à trois dimensions; homographie des espaces; surfaces homographiques (*ref.* L² 1 c): constructions et propriétés diverses: α. Homographies particulières; β. Homographie à deux axes; involution à deux axes.

d. Homologie dans le plan et dans l'espace (*ref.* K 5 c); α. Homologie involutive; β. Autres homologies spéciales.

e. Affinité dans le plan et dans l'espace; homothétie et similitude (*ref.* K 5 a et b et 14 e).

f. Généralités sur les propriétés projectives.

2. Corrélations et transformations par polaires réciproques.

a. Corrélation dans le plan; transformation générale par polaires réciproques (*cf.* L¹ 2 a et 3 d); constructions et propriétés diverses; corrélation générale dans l'espace; systèmes focaux.

b. Corrélations particulières dans le plan; α. Cas où la directrice est un cercle ou une sphère; β. Cas d'une parabole ou d'un paraboloïde; γ. Cas d'un paraboloïde de révolution.

c. Corrélation de deux plans ou de deux systèmes de droites; corrélation de deux espaces (*cf.* L² 3 a); lieux et enveloppes divers.

d. Recherche des courbes ou surfaces directrices satisfaisant à des conditions données; coniques ou quadriques par rapport auxquelles deux coniques ou quadriques données sont réciproques.

3. Transformations isogonales.

a. Transformations isogonales en général; théorème de Cauchy; applications (*ref.* D 5 c).

b. Transformations par rayons vecteurs réciproques dans le plan et dans l'espace; α. Projection stéréographique.

c. Transformations isogonales particulières; α. Transformation de Möbius; β. Transformation (ρ, θ; ρ'', $n\theta$) de W. Roberts.

4. Transformations birationnelles.

a. Transformations birationnelles de deux plans; généralités; groupes de transformations.

b. Transformations quadratiques; inversion quadratique; projection gauche.

c. Transformations birationnelles générales de Cremona.

d. Transformations de Jonquières.

e. Autres transformations birationnelles particulières d'ordre supérieur au second.

f. Transformations involutives d'un plan.

g. Transformations birationnelles de deux espaces; généralités; groupes de transformations; transformations particulières.

h. Transformations birationnelles à plus de trois dimensions.

5. Représentation d'une surface sur une autre.

a. Représentation univoque d'une surface sur un plan; généralités; α. Cas particuliers; β. Représentations univoques isogonales.

b. Représentation univoque d'une surface sur une autre; α. Cas particuliers; β. Transformations conservant les lignes de courbure.

c. Représentation sphérique de Gauss (*ref.* O 5 m).

d. Représentations diverses, non univoques d'une surface sur une autre; α. Cas particuliers.

6. Transformations diverses.

a. Transformations rationnelles dans le plan et dans l'espace. Généralités.

b. Transformation par directions réciproques et par semi-plans, réciproques de Laguerre; Transformation de M. Bonnet.

c. Involutions des degrés supérieurs.

d. Transformations des droites de l'espace dans les sphères de l'espace.

e. Transformations de contact.

f. Transformations diverses dans le plan et dans l'espace.

g. Représentations diverses des variétés d'un espace à n dimensions sur les variétés d'un espace à $n - k$ dimensions; a, $k = 0$.

CLASSE Q.

Géométrie, divers; géométrie à n dimensions; géométrie non euclidienne; *analysis situs;* géométrie de situation.

1. Géométrie non euclidienne.

a. Généralités sur les principes de la Géométrie euclidienne et non euclidienne.

b. Géométrie de Lobatschevski.

c. Géométrie de Riemann.

d. Géométries diverses (*voir* **C4d**).

2. Géométrie à n dimensions.

3. Analysis situs.

(Nous comprenons sous ce nom général tous les travaux qui ont été faits sur les surfaces présentant des connexions de différents ordres, et sur les différentes formes que peut affecter une surface, en ne regardant pas comme distinctes deux formes de surface lorsqu'on peut passer de l'une à l'autre par déformation continue, c'est-à-dire lorsqu'on peut faire correspondre les deux surfaces l'une à l'autre point par point, d'une façon univoque, sans que la loi de correspondance soit forcément analytique, mais de telle sorte qu'à toute courbe continue sur une des surfaces corresponde une courbe continue sur l'autre.)

a. Surfaces à connexion simple ou multiple. (On classerait ici, par exemple, les recherches analogues à celles de Riemann dans le § 2 de la *Théorie des fonctions abéliennes*.)

b. Extension des principes précédents à l'espace et à l'hyperespace. (On classerait ici les *Fragmente aus der Analysis situs* de Riemann, *Werke*, p. 448.)

c. Positions relatives que peuvent affecter deux ou plusieurs courbes fermées dans l'espace ou l'hyperespace; α. Indices caractéristiques de Cauchy et indices de M. Kronecker (*Sitzungsberichte*, 1869).

4. Géométrie de situation ou arithmétique géométrique.

a. Théorie des configurations.

b. Problèmes sur les jeux d'échecs, de dominos, etc.; α. Carrés magiques.

c. Problèmes analogues divers.

MATHÉMATIQUES APPLIQUÉES.

CLASSE R.

Mécanique générale; Cinématique; Statique comprenant les centres de gravité et les moments d'inertie; Dynamique; mécanique des solides; frottement; attraction des ellipsoïdes.

1. Cinématique pure.

a. Cinématique du point matériel.

b. Mouvement d'une figure plane invariable (*voir* O8a); α. d'une figure plane déformable.

c. Mouvement d'un corps solide (*voir* O8c et d); α. d'un corps déformable.

d. Mouvement relatif; théorème de Coriolis. α. Application aux mouvements à la surface de la Terre.

e. Systèmes articulés.

f. Théorie géométrique des autres mécanismes; α. Engrenages.

g. Cinématique des corps de forme variable, flexibles et inextensibles.

h. Cinématique d'un milieu continu.

2. Géométrie des masses.

a. Généralités.

b. Centres de gravité. Propriétés générales; α. détermination des centres de gravité de certaines lignes (*ref.* O2d); β. de certaines aires (*ref.* K9aα et O2aβ); γ. de certains volumes (*ref.* K14d et O5bα).

c. Moments d'inertie. Propriétés générales; α. détermination des moments d'inertie de certaines aires; β. de certains volumes.

d. Moments des divers ordres par rapport à un plan.

e. Propriétés des intégrales Σmxy et analogues.

3. Géométrie des segments.
Compositions, moments, droites réciproques, etc.

a. Généralités; α. Torseur (screw) de Ball.

b. Application à la composition des rotations et des transla-
tions.

c. Autres applications distinctes de la composition des forces.

4. Statique.

a. Composition et réduction des forces; statique des corps solides; α. Théorie des couples; β. Solide libre sollicité par des
forces constantes en grandeur et direction; γ. Équilibre astatique;
δ. Solide gêné.

b. Polygones funiculaires; équilibre d'un fil; α. Équilibre des
surfaces flexibles et inextensibles.

c. Équilibre des systèmes articulés.

d. Statique graphique. α. Applications.

5. Attraction.

a. Théorie générale de l'attraction newtonienne; potentiel
(*ref.* T5, H10d, D5c); α. des lignes, des surfaces et des volumes.

b. Attraction des ellipsoïdes.

c. Généralisations diverses du potentiel.

6. Principes généraux de la Dynamique.

a. Principe de d'Alembert; α. Principes des vitesses vir-
tuelles; β. des forces vives; γ. des aires; δ. du mouvement du
centre de gravité; ε. Principe d'homogénéité; similitude mécanique.

b. Principe de la moindre action et principe de Hamilton; α.
Équations de Lagrange; β. Équations de Hamilton; γ. Équations
de Jacobi (*voir* H3b et H8); δ. Équations de Lagrange et de Jacobi dans le cas où l'on tient compte des frottements et des résis-

tances de milieux (*voir* R **9a**); ε. Applications géométriques du principe de la moindre action (*ref.* O **51**).

7. Dynamique du point matériel.

a. Généralités; α. mouvement sur une courbe donnée; β. sur une surface donnée.

b. Mouvement sous l'action d'une force centrale; α. Mouvement elliptique des planètes; β. Mouvement pour diverses lois particulières de la force et recherche de la force pour un mouvement satisfaisant à des conditions données; γ. Mouvement des projectiles (*voir* S **6 b**); δ. Cas où l'on tient compte de la résistance du milieu.

c. Problèmes de tautochronisme; α. cas où l'on tient compte des résistances passives; β. cas d'une force centrale; γ. cas de la pesanteur.

d. Brachistochrones : généralités; α. cas où l'on tient compte des résistances passives; β. cas d'une force centrale; γ. cas de la pesanteur.

e. Problèmes d'isochronisme; α. cas de la lemniscate; β. courbes synchrones.

f. Problèmes divers relatifs au mouvement sur une courbe; α. Pendule simple; β. Mouvement sur une courbe dont les équations contiennent le temps.

g. Problèmes divers relatifs au mouvement sur une surface; α. Pendule sphérique ; β. Mouvement sur une surface dont l'équation contient le temps.

8. Dynamique des solides et des systèmes matériels.

a. Généralités sur le mouvement d'un solide. Petits mouvements; stabilité. Théorie de Poinsot; α. Solide mobile autour d'un point fixe.

b. Mouvement d'un solide qui n'est sollicité par aucune force.

c. Mouvement d'un solide pesant; α. Cas d'un solide de révolution; β. Application au gyroscope, à la toupie, aux projectiles, etc.; γ. Cas d'un solide sur un plan fixe.

d. Théorie du pendule composé et applications.

e. Dynamique des systèmes matériels; α. Mouvement des

câbles; β. Petits mouvements autour d'une position d'équilibre stable; γ. Mouvements tautochrones et brachistochrones; δ. Stabilité d'un mouvement.

f. Intégrales communes à plusieurs problèmes de Dynamique; α. Problèmes admettant des intégrales algébriques par rapport aux vitesses.

g. Méthodes de transformation en Mécanique.

h. Dynamique des systèmes assujettis à des liaisons qui dépendent du temps.

i. Mouvement relatif des systèmes.

9. Mécanique physique; résistances passives; machines.

a. Frottement. Équilibre en tenant compte du frottement (*cf.* R6bδ).

b. Choc; percussion : généralités; α. Problèmes sur le choc. Jeu de billard.

c. Résistances passives diverses. Application à l'équilibre.

d. Théorie des machines; α. Volants; β. Régulateurs.

CLASSE S.

Mécanique des fluides; Hydrostatique; Hydrodynamique; Thermodynamique.

1. Hydrostatique.

a. Équilibre des fluides; calcul des pressions; centres de pression.

b. Équilibre, stabilité, oscillations des corps flottants; théorie du navire.

2. Hydrodynamique rationnelle.

a. Généralités; équations générales; théorème de Lagrange.

b. Petits mouvements des liquides; théorie de la houle.

c. Tourbillons; théorème de Helmholtz.

d. Théorie des veines liquides.

e. Actions mutuelles des liquides et des solides en mouvement; α. Mouvement d'un solide dans un fluide; β. Sphères pulsantes, théorèmes de Bjerkness.

f. Théorie rationnelle des liquides visqueux.

3. Hydraulique.

a. Théorème de Torricelli ; écoulement des liquides ; α. Ajutages ; β. Déversoirs.

b. Mouvement des liquides dans les tuyaux ; α. dans les canaux découverts et les cours d'eau ; β. choc des liquides.

c. Machines hydrauliques. Leur théorie.

4. Thermodynamique.

a. Principes généraux ; équivalent mécanique ; théorèmes de Mayer, de Carnot et de Clausius ; potentiel thermodynamique.

b. Application aux gaz ; α. aux vapeurs ; β. aux machines thermiques ; γ. aux liquides.

5. Pneumatique.

a. Écoulement des gaz.

b. Petits mouvements des gaz ; vitesse du son.

6. Balistique.

a. Balistique intérieure.

b. Balistique extérieure (*cf*. R**7b**γ).

CLASSE T.

Physique mathématique ; élasticité ; résistance des matériaux ; capillarité ; lumière ; chaleur ; électricité.

1. Généralités ; actions des corps voisins.

a. Méthodes, principes ; hypothèses ; éther ; mesures.

b. Action des corps voisins ; α. capillarité.

2. Élasticité.

a. Élasticité des corps solides ; équations différentielles du problème de l'élasticité ; généralités ; α. Cas particuliers divers ; β.

Problème de de Saint-Venant; γ. Fil ou verge élastique; cordes vibrantes; δ. Surfaces élastiques; ε. Ressorts.

b. Résistance des *matériaux*.

c. Acoustique.

3. Lumière.

a. Optique géométrique (*voir* O**7b**).

b. Optique physique.

c. Électro-optique; théorie magnétique de la lumière.

4. Chaleur.

a. Thermométrie; dilatations; changements d'état, etc.

b. Chaleur rayonnante.

c. Conduction de la chaleur.

5. Électricité statique.

a. Généralités; distribution de l'électricité; induction électro-statique (*ref.* R**5**); α. Méthode des images de Thomson.

b. Théorie des diélectriques.

c. Théorie de Maxwell.

6. Magnétisme.

7. Électrodynamique.

a. Électrocinétique; généralités; distribution des courants dans les conducteurs; lois d'Ohm, Joule.

b. Thermo-électricité.

c. Électrodynamique proprement dite ; action des courants les uns sur les autres et sur les aimants; induction.

d. Théorie de Maxwell; α. de Weber.

CLASSE U.

Astronomie, Mécanique céleste et Géodésie.

(Les publications astronomiques ayant été classées dans la Bibliographie de M. Houzeau, nous estimons qu'on ne devra faire figurer au *Répertoire* que les Mémoires qui ont fait avancer non seulement l'Astronomie, mais la Mathématique pure elle-même ; en conséquence, nous n'avons fait dans la Classe U qu'un nombre de divisions beaucoup moindre que ne le comporterait l'importance du sujet.)

1. Mouvement elliptique.

2. Détermination des éléments elliptiques ; Theoria motus.

3. Théorie générale des perturbations.

4. Développement de la fonction perturbatrice.

5. Intégration des équations différentielles que l'on rencontre dans la théorie des perturbations et, en particulier, des équations de **M. Gyldén** (*ref.* H).

6. Équilibre d'une masse fluide animée d'un mouvement de rotation.

a. Équation de Clairaut.
b. Ellipsoïde de Maclaurin.
c. Ellipsoïde de Jacobi.
d. Figures des planètes.

7. Figures des atmosphères.

8. Marées.

9. Mouvement des corps célestes autour de leur centre de gravité.

10. Géodésie et Géographie mathématique.

a. Généralités ; figure de la Terre.
b. Cartes géographiques.

CLASSE V.

Philosophie et Histoire des Sciences mathématiques.
Biographies de mathématiciens.

1. Considérations diverses sur la philosophie des Mathématiques.

a. Méthodologie.

2. Origines des Mathématiques; Égypte; Chaldée.

3. Grèce.

a. Période hellène, jusqu'à Euclide.
b. Période alexandrine, d'Euclide à Héron.
c. Période gréco-romaine, jusqu'à Constantin.
d. De Constantin à la chute de l'empire byzantin ; Mathématiques byzantines.

4. Orient et Extrême-Orient.

a. Indous.
b. Chinois.
c. Arabes.
d. Juifs.

5. Occident latin.

a. Romains.
b. Moyen âge.

6. Renaissance, XVIe siècle.

7. XVIIe siècle. 8. XVIIIe siècle. 9. XIXe siècle.

10. XXe siècle.

CLASSE X.

Procédés de calcul ; Tables ; Nomographie ; calcul graphique ; planimètres ;
instruments divers.

1. Procédés divers de calcul.

(Autres que l'emploi des Tables, des moyens graphiques ou mécaniques.)

2. Principes de construction des Tables de logarithmes, Tables trigonométriques, Tables diverses, etc.

3. Nomographie (théorie des abaques).

4. Calcul graphique.

a. Construction des expressions algébriques ; des expressions rationnelles; des expressions irrationnelles; opérations graphiques sur les aires; opérations graphiques sur les volumes.

b. Résolution graphique des équations; α. Équations du second degré; β. Équations des troisième et quatrième degrés; δ. Résolution graphique des systèmes d'équations.

c. Intégration graphique; méthodes diverses d'approximation; α. Intégrations doubles et multiples.

5. Machines arithmétiques.

6. Planimètres : intégrateurs : appareils d'analyse harmonique.

7. Procédés mécaniques divers de calcul.

8. Instruments et modèles divers de Mathématiques.

FIN.

18522 Paris.—Imprimerie GAUTHIER-VILLARS ET FILS, quai des Grands-Augustins, 55.